中国电子教育学会高教分会推荐

普通高等教育电子信息类"十三五"课改规划教材

计算机网络与多媒体

主　编　罗　静

副主编　罗子江　张永　陈子健　段春红

主　审　郑传行

西安电子科技大学出版社

内 容 简 介

本书是根据教育部白皮书《计算机基础教学内容的知识结构与课程设置方案》编写的教材，目的在于提高非计算机专业学生运用计算机网络与多媒体技术的基本技能。全书共分为 5 章，主要内容包括计算机网络技术、多媒体技术基础、数字图像处理技术、多媒体音视频技术和动画制作技术。

本书从非计算机专业学生的特点和学习需求出发，内容由浅入深，理论联系实际，对实践性较强的内容全部通过操作实例进行讲解。全书共精选了 30 多个操作实例，使用的工具软件包括网页制作工具 Dreamweaver CS5、图像编辑工具 Photoshop CS5、音频制作工具 Cool Edit、动画制作工具 Flash CS5 等。

本书适合作为高等院校、职业技术学校非计算机专业的基础课程教材，也适合作为多媒体技术初学者的学习参考书。

图书在版编目（CIP）数据

计算机网络与多媒体/罗静主编. —西安：西安电子科技大学出版社，2015.9
普通高等教育电子信息类"十三五"课改规划教材
ISBN 978-7-5606-3824-9

Ⅰ. ① 计… Ⅱ. ① 罗… Ⅲ. ① 计算机网络—高等学校—教材 ② 多媒体技术—高等学校—教材
Ⅳ. ① TP3

中国版本图书馆 CIP 数据核字(2015)第 203068 号

策　　划　毛红兵
责任编辑　毛红兵　祝婷婷
出版发行　西安电子科技大学出版社(西安市太白南路 2 号)
电　　话　(029)88242885　88201467　　　邮　　编　710071
网　　址　www.xduph.com　　　　　　电子邮箱　xdupfxb001@163.com
经　　销　新华书店
印刷单位　陕西天意印务有限责任公司
版　　次　2015 年 9 月第 1 版　　2015 年 9 月第 1 次印刷
开　　本　787 毫米×1092 毫米　1/16　印　张　13
字　　数　304 千字
印　　数　1～3000 册
定　　价　25.00 元

ISBN 978-7-5606-3824-9/TP

XDUP 4116001-1
如有印装问题可调换

前　言

2004 年，教育部非计算机专业计算机基础课程教学指导委员会提出了《进一步加强高校计算机基础教学的几点意见》(简称白皮书)。白皮书的附件"计算机基础教学内容的知识结构与课程设置方案"提出了"1+X"的课程设置方案。"1"即统一开设"大学计算机基础"课程，"X"为开设若干必修/选修课程。目前，"大学计算机基础"课程在大学一年级基本都已开设，在此基础上，各个高校也紧密结合地方经济发展需要和教学需求，面向非计算机专业的学生在二、三学期开设"计算机网络与多媒体"课程。开设这门课程的目的是使学生在学习完"大学计算机基础"课程之后，可以进一步掌握网络、多媒体技术中最基本、最重要的概念和最新的技术进展及应用软件，拓展他们的视野，使他们在各自的专业中能够有意识地借鉴、引入和运用计算机网络与多媒体技术，为将来从事相关领域的工作打下坚实的基础。

全书共分为 5 章。第 1 章介绍计算机网络技术，主要内容包括计算机网络基础、计算机网络体系结构与互连、计算机网络安全、网络应用新技术以及网页的基本设计与制作等。第 2 章介绍多媒体技术基础，主要内容包括多媒体的概念、类型，多媒体计算机系统，多媒体产品的开发，多媒体技术应用等。第 3 章介绍数字图像处理技术，主要内容包括数字图像处理基本概念、数字图像的获取、利用 Photoshop 进行图像设计与制作。第 4 章介绍多媒体音视频技术，主要内容包括数字音视频基础、常见视频文件格式、视频压缩标准及方法、数字视频的采集、视频处理及视频新技术以及数字音频的简单编辑方法等。第 5 章介绍动画制作技术，主要内容包括动画的发展、类别，Adobe Flash CS5 软件的应用。

本书从非计算机专业学生的特点和学习需求出发，内容由浅入深，理论联系实际，突出应用和基本技能的训练。本书提供了大量的操作案例，其中 Dreamweaver 网页设计制作部分提供案例 8 个，Photoshop 平面制作部分提供案例 19 个，Flash 部分提供案例 7 个，并提供了相关的制作素材。这些案例和制作素材将放在西安电子科技大学出版社的网站上供读者下载使用。

本书由贵州财经大学罗静副教授主编，郑传行教授主审，罗子江、张永、陈子健、段春红为副主编。

由于作者水平有限，书中难免有不妥之处，恳请专家、教师及读者批评指正。

编　者
2015 年 5 月

目　录

第 1 章 计算机网络技术

本章导读

内容提示：本章从计算机网络的产生和发展及其基本概念开始，介绍了计算机网络的组成、分类，局域网基础知识，计算机网络体系结构和网络协议等网络基础知识，以及目前计算机网络应用新技术的一些案例。

学习要求：了解计算机网络的概念和发展阶段，掌握计算机网络的分类和硬件组成，局域网的概念以及组成等知识。

1.1 计算机网络基础

当今社会进入信息时代，计算机网络技术的发展对信息技术产生了深远的影响，计算机网络(Computer Network)给我们的工作、学习和生活带来了革命性的变化，计算机网络已经成为人们获取信息的一个重要渠道。随着各种网络技术应用的发展，人们的工作效率得以提高；随着远程教育的发展，学习变得更加方便，终生教育成为了可能；随着网络游戏、虚拟社区等新兴应用的发展，人们的生活增添了许多的乐趣。

1.1.1 计算机网络的产生和发展

计算机网络是计算机技术和通信技术相互结合、相互渗透而形成的一门学科。计算机技术与通信技术的结合始于 20 世纪 50 年代。1954 年，人们制造了一种能够将穿孔卡片上的数据从电话线上发送到远地计算机上的终端。此后电传打字机开始作为远程终端和计算机相连，形成一种简单的联机系统，这种简单的"终端—通信线路—计算机"系统构成了计算机网络的雏形。随着计算机技术和通信技术的不断发展，计算机网络也经历了从简单到复杂，从单机到多机的发展过程，其演变过程主要可分为面向终端的计算机网络、计算机通信网络、计算机互连网络和高速互连网络四个阶段。

1. 第一代计算机网络——远程终端联机阶段

第一代计算机网络是面向终端的计算机网络，又称为联机系统，建于 20 世纪 50 年代初。它由一台主机和若干个终端组成，较典型的是 1963 年美国空军建立的半自动化地面防空系统(SAGE)，其结构如图 1-1 所示。在这种联机方式中，主机是网络的中心和控制者，终端(键盘和显示器)分布在各处并与主机相连，用户通过本地的终端使用远程的主机。这种具有通信功能的单机系统或多机系统被称为第一代计算机网络——面向终端的计算机通信网，也是计算机网络的初级阶段。严格地讲，这不能算是网络，但它将计算机技术与通信技术结合了，可以让用户以终端方式与远程主机进行通信了，所以我们视它为计算机网络的雏形。

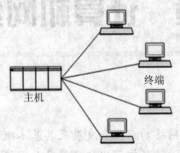

图 1-1　第一代计算机网络结构示意图

2. 第二代计算机网络——计算机通信网络阶段

第二代计算机网络是以共享资源为目的的计算机通信网络。第一代计算机网络只能在终端和主机之间进行通信，不同的主机之间无法通信。从 20 世纪 60 年代中期开始，出现多个主机互连的系统，可以实现计算机和计算机之间的通信。而真正意义上的计算机网络应该是计算机与计算机的互连，即通过通信线路将若干个自主的计算机连接起来的系统，称之为计算机—计算机网络，简称为计算机通信网络。

计算机通信网络在逻辑上可分为两大部分：通信子网和资源子网。二者合一构成以通信子网为核心，以资源共享为目的的计算机通信网络，如图 1-2 所示。用户通过终端不仅可以共享与其直接相连的主机上的软、硬件资源，还可以通过通信子网共享网络中其他主机上的软、硬件资源。

计算机通信网的最初代表是美国国防部高级研究计划局开发的 ARPANET。20 世纪 60 年代，美苏冷战期间，美国国防部领导的高级研究计划局(ARPA)提出要研制一种崭新的网络以对付来自前苏联的核攻击威胁。根据要求，一批专家设计出了使用分组交换的新型计算机网络。分组交换采用存储转发技术，把发送的报文分成一个个的"分组"在网络中传送。ARPANET 也是如今 Internet 的雏形。

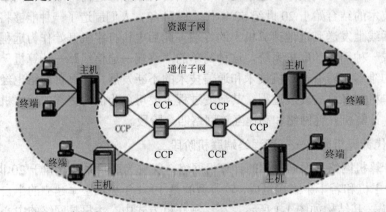

图 1-2　第二代计算机网络结构示意图

3．第三代计算机网络——计算机网络互连阶段

随着广域网与局域网的发展以及微型计算机的广泛应用，加之使用大型机与中型机的主机—终端系统的用户减少，计算机网络结构发生了巨大的变化。大量的微型计算机通过局域网接入广域网，而局域网与广域网、广域网与广域网的互连是通过路由器实现的。用户计算机需要通过校园网、企业网或 Internet 服务提供商(Internet Services Provider，ISP)接入地区主干网，地区主干网通过国家主干网接入国家间的高速主干网，这样就形成了一种由路由器互连的大型、层次结构的现代计算机网络，即互连网络，它是第三代计算机网络，是第二代计算机网络的延伸。计算机互连网络的结构示意如图 1-3 所示。

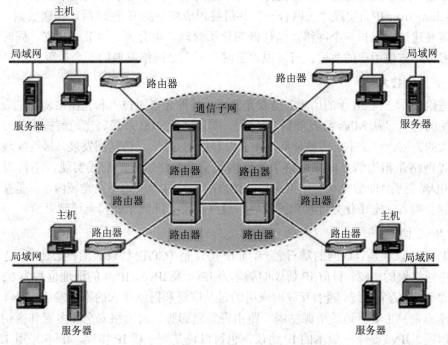

图 1-3　计算机互连网络的结构示意图

4．第四代计算机网络——国际互联网与信息高速公路阶段

进入 20 世纪 90 年代，随着计算机网络技术的迅猛发展，特别是 1993 年美国宣布建立国家信息基础设施(National Information Infrastructure，NII)后，全世界许多国家都纷纷开始制定和建立本国的 NII，从而极大地推动了计算机网络技术的发展，使计算机网络的发展进入一个崭新的阶段——第四代计算机网络，即高速互连网络阶段。随着国际互联网的迅猛发展，人们对远程教学、远程医疗、视频会议等多媒体应用需求大幅度增加，使得以传统电信网络为信息载体的计算机互连网络难以满足人们对网络速度的要求，这便促使了网络由低速向高速、由共享到交换、由窄带向宽带方向的迅速发展，即由传统的计算机互连网络向高速互连网络的发展。

1.1.2　计算机网络的发展趋势

计算机网络的发展方向是 IP 技术 + 光网络，其中光网络将会演进为全光网络。从网络的服务层面上看，计算机网络将是一个 IP 的世界，通信网络、计算机网络和有线电视网络

将通过 IP 三网合一；从传送层面上看计算机网络将是一个光的世界；从接入层面上看计算机网络将是一个有线和无线的多元化世界。

1. 三网合一

目前广泛使用的网络有通信网络、计算机网络和有线电视网络。随着技术的不断发展，新的业务不断出现，新旧业务不断融合，作为其载体的各类网络也不断融合，使目前广泛使用的三类网络正逐渐向单一统一的 IP 网络发展，即所谓的"三网合一"。在 IP 网络中可将数据、语音、图像、视频均归结到 IP 数据包中，通过分组交换和路由技术，采用全球性寻址，使各种网络无缝连接。IP 协议将成为各种网络、各种业务的"共同语言"，实现所谓的 Everything over IP。实现"三网合一"并最终形成统一的 IP 网络后，传递数据、语音、视频只需要建造、维护一个网络，这样既简化了管理，也会大大地节约开支，同时还可提供集成服务，方便用户的使用。可以说"三网合一"是网络发展的一个最重要的趋势。

2. 光通信技术

光通信技术已有 30 年的历史。随着光器件、各种光复用技术和光网络协议的发展，光传输系统的容量已从 Mb/s 级发展到 Tb/s 级，提高了近 100 万倍。光通信技术的发展主要有两个大的方向：一是主干传输向高速率、大容量的 OTN 光传送网发展，最终实现全光网络。全光网络是指光信息流在网络中的传输及交换始终以光的形式实现，不再需要经过光/电、电/光变换，即信息从源结点到目的结点的传输过程中始终在光域内。二是接入向低成本、综合接入、宽带化光纤接入网发展，最终实现光纤到家庭和光纤到桌面。

3. IPv6 协议

TCP/IP 协议族是互联网的基石之一，而 IP 协议是 TCP/IP 协议族的核心协议，是 TCP/IP 协议族中网络层的协议。目前 IP 协议的版本为 IPv4 及 IPv6。IPv4 的地址位数为 32 位，即理论上约有 42 亿个地址。随着互联网应用的日益广泛和网络技术的不断发展，IPv4 的问题逐渐显露出来，主要有地址资源枯竭、路由表急剧膨胀、对网络安全和多媒体应用的支持不够等问题。IPv6 是下一版本的 IP 协议，也可以说是下一代 IP 协议。IPv6 采用 128 位地址长度，几乎可以不受限制地提供地址。IPv6 所拥有的地址容量是 IPv4 的约 8×10^{28} 倍，达到 2^{128}(算上全零)个。这不但解决了网络地址资源数量的问题，同时也为除电脑外的设备连入互联网扫清了障碍。IPv6 除一劳永逸地解决了地址短缺问题外，同时也解决了 IPv4 中的其他缺陷，主要有端到端 IP 连接、服务质量(QoS)、安全性、多播、移动性、即插即用等方面。

4. 移动通信系统技术

4G 技术又称 IMT-Advanced 技术，指的是第四代移动通信技术，是第三代技术(3G)的延续。4G 可以提供比 3G 更快的数据传输速度。目前，国际上主流的 4G 技术主要是 LTE-Advanced 和 802.16m 两种技术，TD-LTE 技术方案属于 LTE-Advanced 技术。LTE-Advanced 技术得到国际主要通信运营企业和制造企业的广泛支持。法国电信、德国电信、美国 AT&T、日本 NTT、韩国 KT、中国移动、爱立信、诺基亚、华为、中兴等明确表态支持 LTE-Advanced。802.16m 也获得部分芯片、网络产品制造企业如英特尔、思科等的联合推荐。

2007 年，中国政府面向国内组织开展了 4G 技术方案征集遴选。经过 2 年多的攻关研究,最终中国产业界达成共识,在 TD-LTE 基础上形成了 TD-LTE-Advanced 技术方案。

2012 年 1 月 18 日,国际电信联盟在 2012 年无线电通信全会全体会议上,正式审议通过将 LTE-Advanced 和 WirelessMAN-Advanced(802.16m)技术规范确立为 IMT-Advanced (俗称“4G”)国际标准,我国主导制定的 TD-LTE-Advanced 同时成为 IMT-Advanced 国际标准。

2013 年 12 月 4 日下午,工业和信息化部(以下简称“工信部”)向中国联通、中国电信、中国移动正式发放了第四代移动通信业务牌照(即 4G 牌照),此举标志着中国电信产业正式进入了 4G 时代。

1.1.3　计算机网络的基本概念

1. 计算机网络的定义

在计算机网络的不同发展阶段,人们对计算机网络给出了不同的定义。一种观点认为:计算机网络是利用通信设备和线路将地理位置不同、功能独立的各个计算机连接起来而形成的计算机集合,计算机之间可以借助通信线路传递信息,共享软件、硬件和数据等资源。另外一种观点认为:计算机网络是将若干台独立的计算机通过传输介质相互物理连接,并按照共同协议,通过网络软件逻辑地相互联系到一起,而实现资源共享的一种计算机系统。

计算机网络的定义包括以下三个要素:

(1) 网络中的计算机相互独立。它们既可以连入网络工作,也可以脱离网络独立工作,而且连入网络时,也没有明显的主从关系,即网内的某台计算机不必控制、也不必依靠其他计算机系统。

(2) 网络中的计算机由通信网络相互连接。两个或更多的独立计算机系统之间需要通过通信设备和传输介质连接,传输介质可以是双绞线、同轴电缆、光纤、微波等。

(3) 网络中的计算机采用统一的通信协议。两个或更多的独立计算机要相互通信,需要遵守一致的规则,如通信协议、信息交换方式和体系标准等。

2. 计算机网络的主要功能

(1) 资源共享。计算机网络资源包括硬件、软件和数据。硬件为各种处理器、存储设备、输入/输出设备等,可以通过计算机网络实现这些硬件的共享,如打印机、硬盘空间等。软件包括操作系统、应用软件和驱动程序等,可以通过计算机网络实现这些软件的共享,如多用户的网络操作系统、应用程序服务器等。数据包括用户文件、配置文件、数据文件等,可以通过计算机网络实现这些数据的共享,如通过网络邻居复制文件。网络通过共享使资源发挥最大作用的同时,可以节省成本、提高效率。

(2) 数据传输。数据传输是数据从一个地方传送到另一个地方的通信过程。数据传输系统通常由传输信道和信道两端的数据电路终接设备(DCE)组成,在某些情况下,还包括信道两端的复用设备。传输信道可以是一条专用的通信信道,也可以由数据交换网、电话交换网或其他类型的交换网路来提供。数据传输系统的输入输出设备为终端或计算机,统称数据终端设备(DTE),它所发出的数据信息一般都是字母、数字和符号的组合,为了传送这些信息,需将每一个字母、数字或符号用二进制代码来表示。

(3) 分布处理。计算机的分布处理是指在分布式操作系统的调度和管理下，结合适当的算法，把某一大型复杂的计算任务分配到网络中不同地理位置的结点计算机上协同完成。分布式信息处理、分布式数据库等只有依靠计算机网络才能实现协调负载、提高效率的功能。在有些科研领域，只有借助计算机网络的协调负载功能才能使一些计算处理任务繁重的工作得以完成。

(4) 提供服务。有了计算机网络，才有了现在风靡全球的电子邮件、网上电话、网络会议、电子商务等，它们给人们的生活、学习和娱乐带来了极大的方便；有了网络，实时控制系统才有了备用和安全保证，军事设施在遭到敌方打击时才可以保持畅通无阻。随着网络新技术层出不穷，将会不断地有新的服务使人们从中受益。

3．计算机网络的组成结构

尽管现在的计算机网络很多，但不同的计算机网络都有一个共同的特点，就是它们都由三个部分组成，即网络硬件、传输介质、网络软件，如图1-4所示。

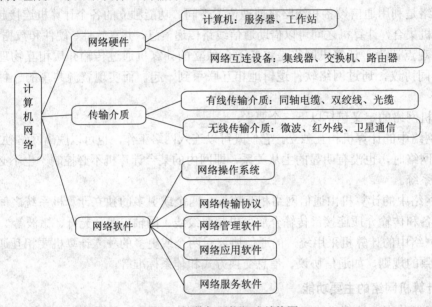

图1-4　计算机网络组成结构图

(1) 网络硬件。网络硬件是构成网络的节点，包括计算机和网络互连设备。作为网络硬件的计算机可以是服务器，也可以是工作站。网络互连设备包括集线器、交换机、路由器等。有的网络硬件(如计算机)只有一个网络接口；有的网络硬件(如各种网络互连设备)可能有几个、几十个甚至更多的网络接口，如集线器、交换机和大多数路由器。路由器这种特殊的网络互连设备在网络中可以有一个网络接口，也可以有多个网络接口用以连接网络，这是由路由器在网络中的功能决定的。路由器用于连接多个网络，如果一台路由器用于连接多个物理网络，那么它需要有多个物理网络接口；如果一台路由器用于连接多个逻辑网络，那么它可以让多个逻辑接口共用一个物理接口。

(2) 传输介质。传输介质是把网络节点连接起来的数据传输通道，包括有线传输介质和无线传输介质。同轴电缆、双绞线、光缆都是有线传输介质；微波、卫星通信、红外线都是无线传输介质。一个网络所选用传输介质的种类和质量对网络性能的好坏有很大的影响。

(3) 网络软件。网络软件是负责实现数据在网络硬件之间通过传输介质进行传输的软件系统，包括网络操作系统、网络传输协议、网络管理软件、网络服务软件、网络应用软件等。

1.1.4　计算机网络的分类

在网络应用范围越来越广泛的今天，各种各样的网络越来越多。对计算机网络，采用不同的分类方案也会得到不同的分类结果。按照计算机网络的地理覆盖范围，可分为局域网、城域网和广域网。按照网络构成的拓扑结构，可分为总线型、星型、环型和树型等。按照网络服务的提供方式，可分为对等网络、C/S 网络和分布式网络。按照介质访问协议，可分为以太网、令牌环网、令牌总线网。分类标准还有很多，在此只介绍一些常见的分类方案，如图 1-5 所示。

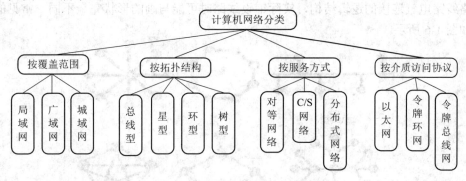

图 1-5　计算机网络的分类方案

1. 按网络覆盖范围分类

计算机网络按其覆盖的地理范围可分为局域网(Local Area Network，LAN)、城域网(Metropolitan Area Network，MAN)、广域网(Wide Area Network，WAN)三大类。

(1) 局域网：地理范围在 10 千米以内，属于一个部门、一个单位或一个组织所有，例如一个企业、一所学校、一幢大楼、一间实验室等。这种网络往往不对外提供公共服务，管理方便，安全保密性好。局域网组建方便，投资少，见效快，使用灵活，是计算机网络中发展最快、应用最普遍的计算机网络。与广域网相比，局域网传输速率快，通常在 100 Mb/s 以上；误码率低，通常在 $10^{-11}\sim10^{-8}$ 之间。

(2) 广域网：地理范围在几十千米到几万千米，小到一个城市、一个地区，大到一个国家、几个国家、全世界。因特网就是典型的广域网，提供大范围的公共服务。与局域网相比，广域网投资大；安全保密性能差；传输速率慢，通常为 64 kb/s、2 Mb/s、10 Mb/s；误码率较高，通常为 $10^{-7}\sim10^{-6}$。

(3) 城域网：城域网介于局域网与广域网之间，地理范围从几十千米到上百千米，覆盖一座城市或一个地区。在计算机网络的体系结构和国际标准中，专门有针对城域网的内容。作为分类需要提出来，但城域网没有自己突出的特点，后面介绍计算机网络时，将只讨论局域网和广域网，不再讨论城域网。从这个意义上说，也可以把网络划分为局域网和广域网两大类。

局域网、城域网和广域网的比较如表 1-1 所示。

表 1-1 局域网、城域网和广域网比较

类 型	覆盖范围	传输速率	误码率	计算机数目	传输介质	所有者
LAN	<10 千米	很高	$10^{-11}\sim10^{-8}$	$10\sim10^3$	双绞线、同轴电缆、光纤	专用
MAN	几百千米	高	$<10^{-9}$	$10^2\sim10^4$	光纤	公/专用
WAN	很广	低	$10^{-7}\sim10^{-6}$	极多	公共传输网	公用

2. 按拓扑结构分类

拓扑是借用数学上的一个词汇，从英文 Topology 音译而来。计算机网络的拓扑结构指表示网络传输介质和节点的连接形式，即线路构成的几何形状。计算机网络的拓扑结构常见的有总线型、环型、星型、树型、网(完备)型等几种。应当说明的是，这些形状表现的是网络线路电气连接的逻辑结构，实际铺设线路时可能与画的形状完全不同。常见的拓扑图形如图 1-6 所示。

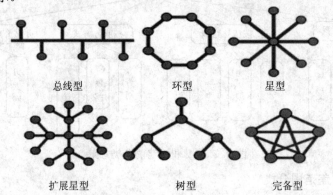

图 1-6　常见的拓扑图形

(1) 总线型。总线型网络是一种典型的共享传输介质的网络。总线型网络从信源发送的信息会传送到介质长度所及之处，并被其他所有站点看到。如果有两个以上的节点同时发送数据，就会造成冲突。总线型结构如图 1-7 所示，该结构采用一条公共总线作为传输介质，每台计算机通过相应的硬件接口入网，信号沿总线进行广播式传送。最流行的以太网采用的就是总线型结构，以同轴电缆作为传输介质。

(2) 环型。环型拓扑结构为一个封闭的环，如图 1-8 所示。连入环型网络的计算机也有一个硬件接口入网，这些接口首尾相连形成一条链路，信息传送也是广播式的，沿着一个方向(例如逆时针方向)单向逐点传送。

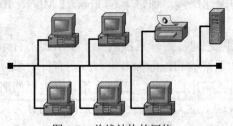

图 1-7　总线结构的网络

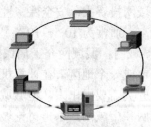

图 1-8　环型结构的网络

(3) 星型。星型结构由一台中央节点和周围的从节点组成。中央节点可与从节点直接通信，而从节点之间必须经过中央节点转接才能通信。星型结构如图 1-9 所示。中央节点有两类：一类是一台功能很强的计算机，它既是一台信息处理的独立计算机，又是一台信息转接中心，早期的计算机网络多采用这种类型；另一类中央节点并不是一台计算机，而是一台网络转接或交换设备，如交换机(Switch)或集线器(Hub)。现在的星型网络拓扑结构都是采用第二种类型，由一台计算机作为中央节点已经很少采用了。一个比较大的网络往往是由几个星型网络组合扩展而成的。

(4) 树型。树型拓扑从总线拓扑演变而来，形状像一棵倒置的树，顶端是树根，树根以下带分支，每个分支还可再带子分支，因此树型网络也叫多星型网络。树型网络是由多个层次的星型结构纵向连接而成，树的每个节点都是计算机或转接设备。一般说来，越靠近树的根部，节点设备的性能就越好。与星型网络相比，树型网络总长度短，成本较低，节点易于扩充，但是树型网络复杂，与节点相连的链路有故障时，对整个网络的影响较大。树型网络结构如图 1-10 所示。

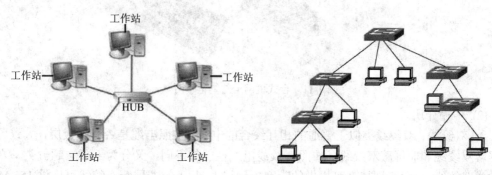

图 1-9　星型结构的网络　　　　　　　图 1-10　树型结构的网络

1.1.5　局域网

1. 局域网概述

我们日常接触到的办公网络都是局域网，在企业、学校、政府机关等部门可见到它的应用。局域网主要用在一个部门内部，常局限于一个建筑物之内。在企业内部利用局域网办公已成为其经营管理活动必不可少的一部分。学生在学校内的机房上机，也都是在局域网的环境下进行的。由于距离较近，因此传输速率较快，从 10 Mb/s 到 1000 Mb/s 不等。局域网按其采用的技术可分为不同的种类，如 Ethernet(以太网)、FDDI、Token Ring (令牌环)等；按联网的主机间的关系，又可分为对等网和 C/S(客户/服务器)网两类；按使用的操作系统不同又可分为许多种，如 Windows 网和 Novell 网；按使用的传输介质又可分为细缆(同轴)网、双绞线网和光纤网等。

局域网之所以获得较广泛的应用，源于其具有以下特点：

(1) 网内主机主要为 PC 机，是专门适于微机的网络系统；

(2) 覆盖范围较小，一般在几千米之内，适于单位内部联网；

(3) 传输速率高，误码率低，可采用较低廉的传输介质；

(4) 系统扩展和使用方便，可共享昂贵的外部设备和软件、数据；

(5) 可靠性较高,适于数据处理和办公自动化。

2. 局域网的组成

1) 局域网络硬件设备

就像计算机中不同的板卡分别拥有不同的功能一样,局域网设备也在局域网中分别扮演着不同的角色。因此,只有清楚它们各自的功能和作用,才能根据网络建设的实际需要选择相应的设备。

(1) 网卡。网卡(Network Interface Card,NIC),也称网络界面卡,或网络接口卡,是计算机与局域网相互连接的接口,如图 1-11 所示。网卡有很多种,不同类型的网络(如以太网、ATM、FDDI、令牌环等),不同类型的介质(如双绞线、细缆、光纤、无线等),不同速率的带宽(如 10 Mb/s、100 Mb/s、1000 Mb/s),以及不同的应用(如工作站、服务器)应当分别选用不同的网卡。

图 1-11　台式机网卡与笔记本网卡

(2) 传输介质。

① 双绞线。双绞线类似于普通的相互绞合的电线。按照电缆是否有屏蔽层,大致可分为屏蔽双绞线和非屏蔽双绞线;按照双绞线电气性能的不同,又分为五类、超五类、六类和七类双绞线,电缆级别越高可提供的带宽也就越大。超五类非屏蔽双绞线可提供 155 Mb/s 的带宽,六类非屏蔽双绞线和七类双绞线则可提供高达 1000 Mb/s 的带宽。屏蔽双绞线由于价格昂贵,实施难度大,设备要求严格,在我国极少用于实践。目前,应用最多的是超五类和六类非屏蔽双绞线。如图 1-12 所示为超五类非屏蔽双绞线。

② 同轴电缆。同轴电缆的结构类似于有线电视的铜芯电缆,由一根空心的圆柱网状铜导体和一根位于中心轴线位置的铜导线组成,铜导线、空心圆柱导体和外界之间分别用绝缘材料隔开。根据直径的不同,同轴电缆分为细缆和粗缆两种,如图 1-13 所示。由于粗缆的安装和接头的制作较为复杂,在中小型局域网中已经很少使用。细缆也由于其传输速率低、网络稳定性和可维护性差而逐渐被淘汰。

图 1-12　双绞线　　　　　　　　　　　　图 1-13　同轴电缆

③ 光缆。光缆按照发光源的不同可分为单模光纤和多模光纤。单模光纤采用激光二极

管 LD 作为光源，而多模光纤采用发光二极管 LED 为光源。多模光纤传输频带窄、传输距离短、成本低，一般用于建筑物内或地理位置相邻的环境；单模光纤传输频带宽、传输距离长、成本较高，通常在建筑物之间或地域分散的环境中使用。如图 1-14 所示为光缆。

　　(3) 集线设备。集线设备担当着连接网络中所有设备的重任，它的性能也在很大程度上决定着整个网络的性能，决定着网络中数据的传输速度。集线设备是整个网络的中心。根据工作方式的不同，集线设备大致可以分为集线器和交换机两种。图 1-15 所示为交换机。

图 1-14　光缆

图 1-15　交换机

　　(4) 服务器。服务器也称伺服器，是提供计算服务的设备。由于服务器需要响应服务请求并进行处理。因此，一般来说服务器应具备承担服务并且保障服务的能力。

　　服务器的构成包括处理器、硬盘、内存、系统总线等，和通用的计算机架构类似，但是由于需要提供高可靠的服务，因此在处理能力、稳定性、可靠性、安全性、可扩展性、可管理性等方面要求较高。

图 1-16　IBM 服务器图

　　在网络环境下，根据服务器提供的服务类型不同，分为文件服务器，数据库服务器，应用程序服务器，WEB 服务器等。如图 1-16 所示为 IBM 服务器。

　　(5) 工作站。工作站是由计算机和相应的外部设备以及成套的应用软件包所组成的信息处理系统。它能够完成用户交给的特定任务，是推动计算机普及应用的有效方式。工作站应具备强大的数据处理能力，有直观的便于人机交换信息的用户接口，可以与计算机网络相连，在更大的范围内互通信息，共享资源。工作站在编程、计算、文件书写、存档、通信等各方面给专业工作者以综合的帮助。常见的工作站有计算机辅助设计 (CAD)工作站(或称工程工作站)，办公自动化(OA)工作站，图像处理工作站等。不同任务的工作站有不同的硬件和软件配置。

　　(6) 共享资源和外设。共享资源和外设包括连接到服务器的存储设备(如硬盘、磁盘阵列、磁带机、CD-R、CD-RW 等)、光盘驱动器(CD-ROM、光盘阵列和 DVD-ROM 等)、打印机、绘图仪以及其他一切允许授权用户使用的设备。

　　(7) 路由器。路由器就是一种专用计算机，用于计算并确定数据传输的路径。路由器的主要作用有两个：一是用于连接不同类型的网络；二是用于隔离广播域，避免广播风暴。无论是局域网之间的连接，还是局域网接入Internet，都离不开路由器。图 1-17 所示为路由器。

　　局域网网络设备连接图如图 1-18 所示。

图 1-17　路由器

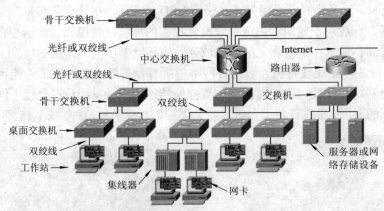

骨干交换机

光纤或双绞线

中心交换机　　　　　　　Internet

光纤或双绞线　　　　　　路由器

骨干交换机　　　双绞线　　　交换机

桌面交换机

双绞线

工作站　　　　　　　　　　　　　　　　服务器或网
络存储设备

集线器　　　网卡

图 1-18　　局域网网络设备连接图

2) 网络操作系统和网络协议

如同计算机只有硬件而没有软件将既不能启动、也无法运行，更无法完成任何工作一样，没有网络操作系统和网络协议的网络，也将无法实现计算机之间彼此的通信，网络设备也只能是一堆摆设了。

(1) 网络操作系统。根据计算机在局域网络中地位的不同，可以将局域网络分为对等网络和服务器/客户端网络。而计算机在网络中的地位主要是由网络操作系统来决定的。

所谓对等网络，是指局域网络上的每台计算机(也称作节点)都运行一个支持网络连接的、允许其他用户共享文件和外设的操作系统，各计算机在网络中的地位完全相同，每一台计算机都能够平等地享有使用其他用户资源的权利。当然，在对等网络中，通常也包括一些必需的安全和管理功能。

所谓服务器/客户端网络，是指局域网络中计算机的地位各不相同，有的计算机专门提供各种各样的服务，称为服务器，有的则只能共享其他计算机所提供的资源，称为工作站。服务器运行专用的网络操作系统，如 Windows NT/2000 Server、NetWare、Unix、Linux 等；工作站的操作系统既可以是商用客户端软件，如 Windows NT Workstation、Windows 2000/XP Professional，也可以是家用操作系统，如 Windows 9x、Windows Me、Windows XP Home 和 Win 7 等。

(2) 通信协议。通信协议用来协调不同的网络设备间的信息交换。通信协议能够建立起一套非常有效的机制，每个设备均可据此识别出来自其他设备的有意义的信息。其实，通信协议就好像是语言规则，无论汉语、英语、法语还是德语，都能够用来很好地进行交流。当然，这只有交谈双方都同时使用一种语言，并遵守相应的语言规则时，彼此之间才能够听得懂。就好像不同的民族大都使用不同的语言规则一样，在不同的网络操作系统中也大都使用不同的通信协议，如 TCP/IP、NetBEUI、IPX/SPX、AppleTalk 等。

1.1.6　局域网的代表——以太网

目前，全世界大多数的局域网采用的是以太网技术。以太网是采用 CSMA/CD(载波监听多路存取和冲突检测)介质访问控制方式的局域网技术，最初由 Xerox 公司于 1975 年研制成功，1979 年 7 月～1982 年，由 DEC、Intel 和 Xerox 三家公司制定了以太网的技术规范 DIX，以此为基础形成的 IEEE802.3 以太网标准在 1989 年正式成为国际标准。在 20 多年中以太网技术不断发展，成为迄今最广泛应用的局域网技术。

1. 以太网的发展

1) 10M 以太网简介

早期的以太网采用粗缆(直径 10mm 同轴电缆)，称为粗缆以太网。粗缆以太网(10 Base5)的传输速率是 10 Mb/s，每个网段最大长度为 500 m，每个网段最大节点数为 100 个，整个网络干线总长度不超过 2500 m。由于粗缆价格昂贵，且不易安装，因此逐渐被细缆所替代。

细缆以太网(10Base2)的传输速率是 10 Mb/s，每个网段最大长度为 185 m，每个网段最大节点数为 30 个(包括中继器)，整个网络干线总长度不超过 985 m。细缆以太网与粗缆以太网相比，具有价格便宜，安装容易的优点，但主要的缺点是增删节点时必须中断整个网络的运行，且个别节点的故障会影响到整个网络的运行，而且排查不易。目前已基本上被双绞线以太网(10BaseT)所替代。

双绞线以太网的传输速率为 10 Mb/s，采用集线器作为其共享的总线，所有的站点采用 3 类或 5 类 UTP 双绞线和 RJ-45 连接器连到集线器上。双绞线以太网在物理上是星型结构，但在逻辑上仍是总线结构。每个网段最大长度为 100m，每个网段最大节点数为 1024 个。其优点是可采用结构化的布线方法，布线灵活；可靠性高，单点故障不会影响整个网络，且查找容易；易安装，增删节点不会影响整个网络。

2) 100M 以太网

100 M 以太网又称快速以太网，传输速率为 100 Mb/s，常用的有 100 Base-TX 和 100 Base-FX 两种。

100 Base-TX：采用 5 类无屏蔽的双绞线作传输介质，可以看作是 10Base T 的直接升级，但速度提高到 100 Mb/s。由于速度提高，覆盖范围变小，网络最大直径为 205 m。因此，可以采用和 10Base T 相同的电缆(5 类无屏蔽的双绞线)和连接器，当然网络中必须使用 100 Mb/s 的集线器。网段最大长度为 100 m。

100Base-FX：采用光纤作为传输介质，其特性与 10BaseF 类似，只不过其速率大为提高，为 100 Mb/s。

3) 1000M 以太网

1000 M 以太网又称高速以太网，传输速率为 1000 Mb/s。千兆以太网采用与百兆(快速)以太网相同的协议和网络结构，仍可采用集线器或交换机作为网络设备，可作为共享式网络连接关键服务器或作为局域网主干网。百兆(快速)以太网可以很容易地升级为千兆以太网。不同类型的千兆以太网络具有不同的网络直径。

1000Base-LX：传输速率为 1000 Mb/s。采用多模光纤(光纤直径 62.5 μm)时传输距离为 550 m，采用单模光纤(光纤直径 9 μm)的传输距离为 3000 m。

1000Base-T：传输速率为 1000 Mb/s。采用 4 对 5 类 UTP(无屏蔽)双绞线，传输距离为 100 m。

4) 光以太网(Optical Ethernet)

光以太网指利用在光纤上运行以太网 LAN 数据包接入服务的网络。它的底层连接可以以任何标准的以太网速度运行，包括 10 Mb/s、100 Mb/s、1 Gb/s 或 10 Gb/s，但在此情况下，这些连接必须以全双工速度运行。

光以太网业务能够应用交换机的速率限制功能，以非标准的以太网速度运行。光以太网中使用的光纤电路可以是光纤全带宽、一个 SONET(同步光纤网络)连接或者是 DWDM(密集波分复用)。

光以太网将以太网的优越性扩展到了城域网，如低成本的以太网接口(10 Mb/s、100 Mb/s、1 Gb/s)在企业和个人计算机上的广泛使用，大大降低了运营商的网络建设成本。以太网已经有 20 多年的历史，技术的成熟更降低了网络的风险。通过跨广域网的 VLAN 实现虚拟专用网络应用，不需要企业改变他们现有的 IP 地址编址，大大简化了企业的管理成本，使得光以太网可以同时为住宅用户和商业用户服务。

光以太网首先在北美得到应用。在近年来，北美出现了一批城域以太网运营商(MEC)，如 Yipes、Cogent、Telseon 等。以 Yipes 为例，它目前在美国约 20 个大城市提供公共以太网接入业务，它的网络中大量使用千兆以太网交换机，通过光纤到大楼为用户提供 Internet 接入和透明局域网互连(TLS)业务，主要客户是 ISP、律师事务所、基于 Web 的企业等商业用户和学校。

与北美不同，中国的以太网接入业务首先瞄准了住宅用户。北美的私人住宅非常分散，采用光纤到路边的方法，每对光纤覆盖的用户数量非常小，因此在北美使用 ADSL 和 Cable Modem 更为经济。中国的情况完全不同，城市的居民集中居住在各类小区内，小区内的住宅数量在 300~2000 户之间。运营商采用光纤到小区的方法非常经济实用。据测算，以太网接入用户的成本(不计光纤和双绞线)约在 30~60 美元之间，大大低于 ADSL 和 Cable Modem。

1.2　计算机网络体系结构与互连

1.2.1　网络体系结构概述

计算机网络系统是由各种各样的计算机和终端设备通过通信线路连接起来的复杂系统。在这个系统中，由于计算机类型、通信线路类型、连接方式、同步方式、通信方式等的不同，给网络各结点间的通信带来诸多不便。不同厂家不同型号计算机通信方式各有差异，通信软件需根据不同情况进行开发。特别是异型网络的互连，它不仅涉及基本的数据传输，同时还涉及网络的应用和有关服务，做到无论设备内部结构如何，相互都能发送可以理解的信息，这种真正以协同方式进行通信的任务是十分复杂的。要解决这个问题，势必涉及通信体系结构设计和各厂家共同遵守约定标准的问题，即计算机网络体系结构和协议的问题。

因此，在 ARPANET 设计时，就提出了"分层"的思想，即将庞大而复杂的问题分为若干较小的易于处理的局部问题。

一开始，各个公司都有自己的网络体系结构，就使得各公司自己生产的各种设备容易互连成网，有助于该公司垄断自己的产品。但是，随着社会的发展，不同网络体系结构的用户迫切要求能互相交换信息。为了使不同体系结构的计算机网络都能互连，国际标准化组织 ISO 于 1977 年成立专门机构研究这个问题。1978 年 ISO(International Standards

Organization)提出了"异种机连网标准"的框架结构，这就是著名的开放系统互连参考模型(Open System Interconnection，OSI)。

OSI 得到了国际上的承认，成为其他各种计算机网络体系结构依照的标准，大大地推动了计算机网络的发展。20 世纪 70 年代末到 80 年代初，出现了利用人造通信卫星进行中继的国际通信网络，网络互连技术不断成熟和完善，局域网和网络互连开始商品化。

1.2.2　OSI 体系结构

1. OSI 参考模型

ISO 成立于 1947 年，是世界上最大的国际标准化组织。它的宗旨就是促进世界范围内的标准化工作，以便于国际间的物资、科学、技术和经济方面的合作与交流。

早期开发的局域网、城域网、广域网在许多方面都是混乱的。由于使用不同技术规范，网络之间很很难进行相互通信。随着网络技术的进步和各种网络产品的出现，一个现实问题摆在人们面前，这就是对网络产品公司或广大用户来说，都希望解决不同系统的互连问题。在此背景下，1977 年，ISO 专门建立了一个委员会，在分析和消化已有网络的基础上，考虑到连网方便和灵活性等要求，提出了一种不基于特定机型、操作系统或公司的网络体系结构，即开放系统互连参考模型 OSI/RM。OSI 定义了异种机连网的标准框架，为连接分散的"开放"系统提供了基础。这里的"开放"，表示任何两个遵守 OSI 标准的系统可以进行互连。

OSI 参考模型采用分层结构化技术，将整个网络的通信功能分为 7 层，由低层至高层分别是：物理层、数据链路层、网络层、传输层、会话层、表示层、应用层。需要强调的是，OSI 给出的仅是一个概念上和功能上的标准框架，是将异构系统互连的标准分层结构。它定义的是一种抽象结构，而并非是对具体实现的描述。模型本身不是一组有形的、可操作的协议集合，它既不包含任何具体的协议定义，也不包括强制的实现一致性。网络体系结构与实现无关。通过建立 OSI 参考模型，国际标准化组织向厂商提供了一系列标准，以保证世界上许多公司提供的不同类型的网络技术之间具有兼容性和互操作性；定义了连接计算机的标准框架。它超越了具体的物理实体或软件，从理论上解决了不同计算机及外设、不同的计算机网络之间相互通信的问题，成为计算机网络通信的标准。模型各层功能的简单描述如图 1-19 所示。

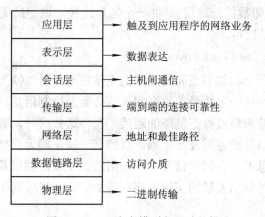

图 1-19　OSI 参考模型各层功能描述

2. OSI 模型各层的作用

OSI 模型可以分为两个大的层次：介质层和主层。介质层控制网络之间消息的物理传送，是面向网络通信的；主层负责计算机之间数据的精确传输，是面向数据的。常见的网络互连设备分别工作在主层，如集线器工作在物理层，交换机工作在数据链路层，路由器工作在网络层。网络中的主机除了能够与介质层接收和发送数据外，还要完成通信控制、会话管理、数据表达等主层的处理工作。OSI 参考模型的体系结构如图 1-20 所示。

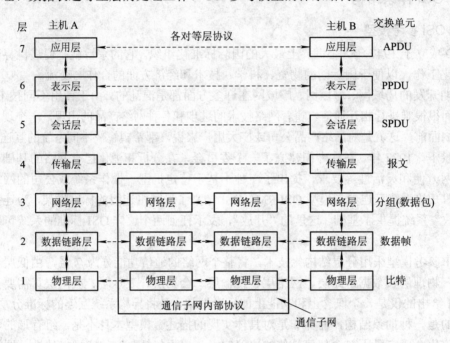

图 1-20　OSI 参考模型的体系结构

各层的主要功能如下：

1) **物理层**(PH：Physical Layer)

传送信息要利用物理媒体，如双绞线、同轴电缆、光纤等。但具体的物理媒体并不在 OSI 的七层之内。有人把物理媒体当做第 0 层，因为它的位置处在物理层的下面。物理层的任务就是为其上一层(即数据链路层)提供一个物理连接，以便透明地传送比特流。在物理层上所传数据的单位是比特。

2) **数据链路层**(DL：Data Link Layer)

数据链路层负责在两个相邻节点间的线路上无差错地传送以帧为单位的数据。帧是数据的逻辑单位，每一帧包括一定数量的数据和一些必要的控制信息。和物理层相似，数据链路层要负责建立、维持和释放数据链路的连接。在传送数据时，若接收结点检测到所传数据中有差错，就要通知发送方重发这一帧，直到这一帧正确无误地到达接收节点为止。在每帧所包括的控制信息中，有同步信息、地址信息、差错控制以及流量控制信息等。这样，链路层就把一条有可能出差错的实际链路，转变成让网络层向下看起来好像是一条不出差错的链路。

3)　网络层(N：Network Layer)

在计算机网络中进行通信的两个计算机之间可能要经过许多个结点和链路，也可能还要经过好几个通信子网。在网络层，数据的传送单位是分组或包。网络层的任务就是要选择合适的路由，使发送站的运输层所传下来的分组能够正确无误地按照地址找到目的站，并交付给目的站的运输层。这就是网络层的寻址功能。

4)　传输层(T：Transport Layer)

这一层有几个译名，如传送层、传输层或转送层，现在多称为传输层。在传输层，信息的传送单位是报文。当报文较长时，先要把它分割成好几个分组，然后交给下一层(网络层)进行传输。

传输层的任务是根据通信子网的特性最佳地利用网络资源，并以可靠和经济的方式为两个端系统(即源站和目的站)的会话层之间建立一条传输连接，透明地传送报文。或者说，传输层向上一层(会话层)提供一个可靠的端到端的服务。它屏蔽了会话层，使它看不见传输层以下的数据通信的细节。在通信子网中没有传输层。传输层只能存在于端系统(即主机)之中。传输层以上的各层不再管信息传输的问题了，正因为如此，传输层就成为计算机网络体系结构中最为关键的一层。

5)　会话层(S：Session Layer)

会话层也称为会晤层或对话层。在会话层及以上的更高层次中，数据传送的单位没有另外再取名字，一般都可称为报文。

会话层虽然不参与具体的数据传输，但它却对数据传输进行管理。会话层在两个互相通信的应用进程之间，建立、组织和协调其交互(Interaction)。例如，确定是双工工作(每一方同时发送和接收)，还是半双工工作(每一方交替发送和接收)，当发生意外时(如已建立的连接突然断了)，要确定在重新恢复会话时应从何处开始。

6)　表示层(P：Presentation Layer)

表示层主要解决用户信息的语法表示问题。表示层将欲交换的数据从适合于某一用户的抽象语法(Abstract Syntax)变换为适合于 OSI 系统内部使用的传送语法(Transfer Symax)。有了这样的表示层，用户就可以把精力集中在他们所要交谈的问题本身，而不必更多地考虑对方的某些特性，例如，对方使用什么样的语言。此外，对传送信息加密(和解密)也是表示层的任务之一。

7)　应用层(A：Application Layer)

应用层是 OSI 参考模型中的最高层。它确定进程之间通信的性质以满足用户的需要(这反映在用户所产生的服务请求)；负责用户信息的语义表示，并在两个通信者之间进行语义匹配，也即应用层不仅要提供应用进程所需要的信息交换和远程操作，而且还要作为互相作用的应用进程的用户代理(User Agent)，来完成一些为进行语义上有意义的信息交换所必需的功能。

1.2.3　TCP/IP 协议

传输控制协议/网际协议(Transmission Control Protocol/Internet Protocol，TCP/IP)是工业界标准的协议组，为跨越局域网和广域网环境的大规模互连网络设计的。TCP/IP 始于 1969

年，也就是在美国国防部(DoD)委任高级资源计划机构网络(ARPANET)时开始的。1974 年，传输控制协议(TCP)作为规范草案引入，描述了如何在网络上建立可靠的、主机对主机的数据传输服务。1983 年 1 月 1 日，ARPANET 开始对所有的网络通信都要求了标准，即使用 TCP 和 IP 协议。从这天开始，ARPANET 逐渐变成更为知名的因特网，它所要求的协议逐渐变成 TCP/IP 协议组。TCP/IP 协议组在各种 TCP/IP 软件中均可实现，可用于多种计算平台。今天，TCP/IP 在因特网上得到了广泛使用，并经常用于建立大型的路由专用互连网络。

1. TCP/IP 协议分层结构

TCP/IP 网络同样使用分层的策略使网络实现结构化。与 OSI 参考模型不同，TCP/IP 协议采用了 4 层的体系结构。属于 TCP/IP 协议组的所有协议都位于该模型的上面 3 层。每一层负责不同的功能。

(1) 网络接口层：通常包括操作系统中的设备驱动程序和计算机中对应的网络接口卡。它们一起处理与电缆或其他任何传输媒介的物理接口细节。

(2) 网络层：有时也称互连网层，处理分组在网络中的活动，例如分组的路由选择。

(3) 传输层：主要为两台主机上的应用程序提供端到端的通信。

(4) 应用层：负责处理特定的应用程序细节。

如图 1-21 所示，TCP/IP 模型的每一层都对应于国际标准组织(ISO)提议的 7 层"开放系统互连(OSI)"参考模型的一层或多层。

OSI	TCP/IP 协议集	
应用层	应用层	Telnet，FTP，SMTP，DNS，HTTP 以及其他应用协议
表示层		
会话层		
传输层	传输层	TCP，UDP
网络层	网络层	IP，ARP，RARP，ICMP
数据链路层	网络接口	各种通信网络接口(以及网等) (物理网络)
物理层		

图 1-21　OSI 参考模型与 TCP/IP 协议分层对照

2. TCP/IP 协议的组件

(1) 应用层：定义了 TCP/IP 应用协议以及主机程序与要使用网络的传输层服务之间的接口，用来支持文件传输、电子邮件、远程登录和网络管理等其他应用程序的协议。应用层协议包括 Telnet(远程登录)、FTP(文件传输协议)、HTTP(超文本传输协议)、SMTP(简单邮件传输协议)、SNMP(简单网络管理协议)等。

(2) 传输层：提供主机之间的通信会话管理，定义了传输数据时的服务级别和连接状态，提供可靠的和不可靠的传输。在 TCP/IP 协议组件中，有两个互不相同的传输协议：TCP(传输控制协议)和 UDP(用户数据报协议)。

(3) 网络层：将数据装入 IP 数据报，包括用于在主机间以及经过网络转发数据报时所用的源和目标的地址信息，实现 IP 数据报的路由。在 TCP/IP 协议组件中，网络层协议包括 IP 协议(网际协议)、ICMP 协议(Internet 控制报文协议)、ARP 协议(地址解析协议)以及 RARP 协议(反向地址解析协议)。

(4) 物理接口层：指定如何通过网络物理地发送数据，包括直接与网络媒体(如同轴电缆、光纤或双绞铜线)接触的硬件设备如何将比特流转换成电信号。这一层没有 TCP/IP 的通信协议，而要使用介质访问协议，如以太网、令牌环、FDDI、X.25、帧中继、RS-232、v.35 等，为高层提供传输服务。

1.2.4　IP 地址

在 TCP/IP 体系中，IP 地址是一个很重要的概念。IP 地址是给每一个使用 TCP/IP 协议的计算机分配的一个唯一的 32 位地址。IP 地址的结构能够实现在计算机网络中方便地进行寻址。通常将一个 IP 地址按每 8 位(一个字节)分为 4 段，段与段之间用“.”隔开。为了便于应用，IP 地址的每个段用十进制表示。IP 地址成为每台计算机唯一的标识。例如，雅虎的服务器地址 66.218.71.80 就是雅虎搜索引擎服务器在因特网上的身份标识。

1．IP 地址分类

为了便于对 IP 地址进行管理，同时还考虑到各个网络上的主机数目差异很大，因此因特网的 IP 地址就分为 5 类，即 A~E 类。A 类用于大型网络，B 类用于中型网络，C 类用于局域网等小型网络，D 类地址是一种组播地址，E 类地址保留以便以后使用。在网络中广泛使用的是 A、B 和 C 类地址，这些地址均由网络号和主机号两部分组成。规定每一组都不能用全 0 和全 1，通常全 0 表示本身网络的 IP 地址，全 1 表示网络广播的 IP 地址。为了区分类别 A、B、C，3 类地址的最高位分别为 0、10、110，如图 1-22 所示。

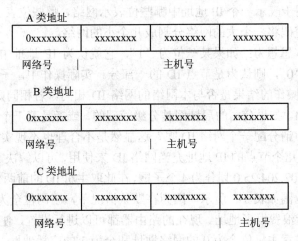

图 1-22　IP 地址编码

(1) A 类地址。用第 1 段表示网络号，后 3 段表示主机号。网络号最小数为 00000001，即 1；最大数为 01111111，即 127。全世界共有 127 个(1~127)A 类网络，其主机号有 3 段 24 位，去掉全 0 与全 1，每个网络可以有 $2^{24} - 2 = 16\ 777\ 214$ 台计算机。

(2) B 类地址。分别用两段表示网络号与主机号。最小网络号的第 1 段为 $(10000000)_2 = 128$，最大网络号的第 1 段为 $(10111111)_2 = 191$，第 2 段为 $256 - 2 = 254$。故全世界共有 $(191 - 128 + 1) \times 254 = 16\ 256$ 个 B 类网络，每个 B 类网络可以有 $2^{16} - 2 = 65\ 534$ 台主机。

（3）C 类地址。用前 3 段表示网络号，最后一段表示主机号。最小网络号的第 1 段为 $(11000000)_2 = 192$，最大网络号的第 1 段为 $(11011111)_2 = 223$。故全世界共有 $(223 - 192 + 1) \times 254 \times 254 = 2\,064\,512$ 个 C 类网络，而每个 C 类网络可以有 254 台主机。

综上所述，从第 1 段的十进制数字即可区分出 IP 地址的类别，如表 1-2 所示。

表 1-2　IP 地址的类别

类　　型	第一段数字范围	包含主机台数
A	1～127	16 777 214
B	128～191	65 534
C	192～223	254

对 IP 地址的通常表示方法是由 4 段 0～255 之间的十进制数构成。在许多操作系统下，如 Windows 系列、各种 UNIX、Linux，都支持 IP 地址以外的一种表示方法，那就是用一个十进制数表示 32 位的二进制 IP 地址。如 202.204.25.9 可以表示为 3402373385，这是一个很大的数，一般情况下不这样表示。

2．IP 地址分配

IP 地址的分配方案，A 类的 10.0.0.0～10.255.255.255，B 类的 172.16.0.0～172.31.255.255，C 类的 192.168.0.0～192.168.255.255 都是私人网络地址，经常用于在没有合法的 IP 地址情况下支持 TCP/IP 协议。

有了 IP 地址，还不能准确地表示节点和网络信息，还需要借助子网掩码。对 IP 地址的解释称之为子网掩码，也是由 32 bit 组成。和 IP 地址一样，其通常也分为 4 段并用十进制表示。子网掩码用于表示一个 IP 地址中哪些位表示网络，哪些位表示主机。根据这个道理，可以利用子网掩码将一个大的网络分割成几个小的网络。

子网掩码的基本思想为：如果某一位为"1"，它就认为 IP 地址中相应的位是网络 ID 的一部分，如果是"0"，则认为是节点 ID 的一部分。实际操作中，子网掩码与 IP 地址相"与"，判断"与"操作的结果是否与本网络的网络 ID 相同。若相同则在本网络内转发，否则转发至其他网络。如果公司的局域网是分级管理的，或者是若干个局域网互连而成的，是否给每个网段都申请分配一个网络 ID 呢？这显然是不合理也不现实的。使用子网掩码的功能，将其中一个或几个节点的 IP 地址充当网络 ID 来使用，可以解决 IP 地址不足的困难。如果将一个 C 类网 202.204.25.0 划分为 4 个子网，在此取主机 ID 的前两位作为扩展网络 ID，则各个子网的地址范围如表 1-3 所示。因为在默认情况下，子网位全为 0 和全为 1 的子网是不可用的，这样会浪费很多地址。现在的路由器都可以进行设置，使所有的子网都可用。在每个子网中，要注意主机位全为 0 的网络地址和全为 1 的广播地址。

表 1-3　子 网 划 分

子 网 地 址	可用主机地址	子 网 掩 码
202.204.25.0	202.204.25.1～202.204.25.62	202.204.25.192
202.204.25.64	202.204.25.65～202.204.25.126	202.204.25.192
202.204.25.128	202.204.25.129～202.204.25.190	202.204.25.192
202.204.25.192	202.204.25.193～202.204.25.254	202.204.25.192

因特网的飞速发展使得 IP 地址的分配频频告急，系统和网络管理都要占用大量 IP 地址，而且每个设备都要有一个 IP 地址，包括服务器、路由器、集线器、交换机，包括个人计算机网卡，甚至一台电视机也可以通过一个 IP 地址变成因特网的设备。因此急需解决 IP 地址资源紧缺的问题，具体有如下两种方法：

(1) 代理服务器就是一个提供替代连接并且充当服务的网关。简单地说，就是一个安装有代理服务器程序的计算机。代理服务器位于内部用户和外部服务之间，代理在幕后处理所有用户和因特网之间的通信以代替相互间的直接交谈。因此只有代理服务器需要一个合法的 IP 地址，而其他用户机无须合法的 IP 地址，而只需一个内部本地地址就可实现与因特网的连接，这样就大大节省了 IP 地址资源。

(2) NAT(Network Address Translation)功能是在一个网络内部定义本地 IP 地址，在网络内部各计算机间通过内部 IP 地址进行通信，而当内部计算机要与外部因特网进行通信时，具有 NAT 功能的设备(如路由器)负责将其内部的 IP 地址转换为合法的 IP 地址(即经过申请的 IP 地址)进行通信。NAT 可以解决多个用户共用一个合法的 IP 地址与外部因特网进行通信的问题。

这些办法也只能在一定程度上缓解一下 IP 地址不够用的问题，不能从根本上解决。并且当前因特网使用的 IP 版本 4，使用 32 位寻址空间，制约了因特网的发展。为此产生了下一代 IP 协议，目前推出的是 IP 版本 6 即 IPv6，其空间大大增加，缓解了目前 IP 地址不足的问题。

1.2.5　域名

IP 地址由一长串十进制数字组成，分为 4 段 l2 位，不容易记忆，为了方便用户的使用，便于计算机按层次结构查询，才有了域名。域名系统是一个树状结构，由一个根域(名字为空)下属若干的顶级域，顶级域下属若干个二级域、三级域、四级域或更多域组成。顶级域有两种划分方法：通用域和地理域。通用域是指按照机构类别设置的顶级域，主要包括 com(商业组织)、edu(教育机构)等；另外，随着因特网的不断发展，又有 7 个新的通用顶级域名也根据实际需要不断被扩充到现有的域名体系中来，具体见表 1-4 通用顶级域。地理域是为世界上每个国家或地区设置的，由 ISO-3166 定义，如中国是 cn，美国是 us，法国是 fr，德国是 de。

表 1-4　通 用 顶 级 域

原有通用域	原有通用域用途	新增通用域	新增通用域用途
com	商业组织	biz	商业目的
edu	学校教育	info	信息服务业
gov	政府部门	name	个人用途
int	国际组织	pro	专业人员
mil	军事组织	museum	博物馆
net	网络中心	aero	航空运输业
org	非盈利组织	coop	商业合作社

在顶级域名下，还可以再根据需要定义次一级的域名。例如，在我国的顶级域名 cn 下

又设立了 com、net、org、gov、edu、ac 以及我国各个行政区划的字母代表，如 bj 代表北京，sh 代表上海等。域名的层不像 IP 地址那样整齐，而是层次互不对应，可长可短，中间用圆点隔开，层次一般为 3～5 层。常见的格式为：主机名.单位名称.单位种类.国家代码。例如：水木清华 BBS 为 bbs.tsinghua.edu.cn、北方工业大学主页为 www.ncut.edu.cn、北京大学主页域名为 www.pku.edu.cn，它们都属于教育网；ibm.com、east.com.cn、sohu.com，都属于工商网；cernic.net、263.net 是网络中心；Whitehouse.gov 是政府部门。

企业的域名被称为电子商标，其作用类似于商标。用户可以通过域名访问企业的网页，了解其产品信息，与企业进行电子商务活动。因此，域名被抢注或盗用的现象时有发生。有些个人或企业为达到商业竞争目的，盗用知名公司或竞争对手的名称去抢注域名，造成用户使用和市场的混乱。为了保护企业的合法权益，企业应及早申请加入因特网，以便注册自己的域名。2000 年 1 月 18 日，中国互联网络信息中心(CNNIC)正式推出中文域名系统，大大方便了中国网民对因特网资源的利用，促进了因特网的普及。

1.3　计算机网络安全

随着计算机网络技术的发展，互联网的开放性、共享性、国际性的特点对计算机网络安全提出了挑战。从本质上来讲，网络安全就是网络上的信息安全，是指网络系统的硬件、软件及其系统中的数据受到保护，不受偶然的或者恶意的原因而遭到破坏、更改、泄露，系统连续可靠正常地运行，网络服务不中断。广义来说，凡是涉及网络上信息的保密性、完整性、可用性、真实性和可控性的相关技术和理论都是网络安全所要研究的领域。

1.3.1　计算机网络安全的主要威胁

计算机网络安全涉及的内容主要可以分为两种：对网络中信息的威胁和对网络中设备的威胁。带来这些威胁的原因有很多，有系统存在的漏洞等原因，也有使用人员管理方面的问题。归结起来有以下几个方面：

1. 自然破坏

自然破坏可能来自于各种自然灾害、恶劣的场地环境、电磁辐射和干扰、网络设备的自然老化等。这些无目的的事件有时也会直接或间接地威胁网络的安全，影响信息的存储和交换。

2. 系统软件漏洞

每一个操作系统或网络软件的出现都不可能是无缺陷和无漏洞的，这将使我们的计算机处于危险地境地。无论是 Windows 或者 UNIX 系统都存在或多或少的安全漏洞，这些漏洞恰好是黑客进行攻击的首选目标。有些公司的设计人员为了更方便的调整程序，在软件中设置了"后门"，一般不为人知，但这些"后门"一旦被黑客探测到，将会成为被攻击的对象。

3. 人为管理失误

计算机网络管理人员进行管理时，难免会出现人为管理上的失误。如安全意识不强，用户口令选择不慎，安全配置不当造成安全漏洞，或将自己的账户随意转借给他人或与别人共享等都会对网络安全带来威胁。

4．计算机病毒

目前数据安全的头号大敌是计算机病毒，它是编制者在计算机程序中插入的破坏计算机功能或数据，影响计算机软件、硬件的正常运行并且能够自我复制的一组计算机指令或程序代码。如今在网络上传播的计算机病毒破坏性大，传播范围广，对网络资源进行侵占、破坏，干扰了网络的正常工作，甚至会造成整个网络瘫痪，引发重大的网络安全问题。

5．网络攻击

网络攻击是计算机网络最大的安全威胁。网络攻击可分为两种：主动攻击和被动攻击。主动攻击以中断、篡改、伪造等方式，破坏信息的有效性和完整性，或冒充合法数据进行欺骗，以破坏整个网络系统的正常工作；而被动攻击则是在不影响正常工作的情况下，通过监听、窃取、破译等非法手段，以获取重要的网络机密信息。这两种攻击均会对计算机网络安全造成极大的危害。

1.3.2　计算机网络安全的特点

通俗地说，网络信息安全与保密主要是指保护网络信息系统，使其没有危险、不受威胁、不出事故。从技术角度来说，网络信息安全与保密的目标主要表现在系统的保密性、完整性、真实性、可靠性、可用性、不可抵赖性等方面。

在这里，我们用五个通俗的说法，来形象地描绘网络安全的目标：进不来、看不懂、改不了、拿不走、跑不掉。

从技术角度来说，网络安全的目标可归纳为六个方面：可靠性、可用性、机密性、完整性、不可抵赖性、可控性。

图 1-23 给出了这两种目标之间的对应关系。

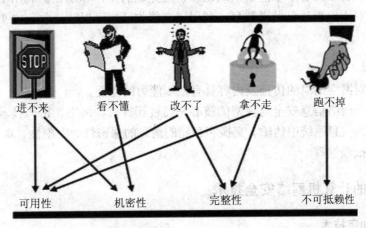

图 1-23　网络安全的目标

1．可靠性

可靠性是网络信息系统能够在规定条件下和规定的时间内完成规定的功能的特性。可靠性是系统安全的最基本要求之一，是所有网络信息系统的建设和运行目标。

2．可用性

可用性是网络信息可被授权实体访问并按需求使用的特性，即网络信息服务在需要时，允许授权用户或实体使用的特性，或者是网络部分受损或需要降级使用时，仍能为授权用户提供有效服务的特性。可用性是网络信息系统面向用户的安全性能。网络信息系统最基本的功能是向用户提供服务，而用户的需求是随机的、多方面的，有时还有时间要求。

3．保密性

保密性是网络信息不被泄露给非授权的用户、实体或过程，或供其利用的特性，即防止信息泄漏给非授权个人或实体，信息只供授权用户使用的特性。保密性是在可靠性和可用性基础之上，保障网络信息安全的重要手段。

4．完整性

完整性是网络信息未经授权不能进行改变的特性，即网络信息在存储或传输过程中保持不被偶然或蓄意地删除、修改、伪造、乱序、重放、插入等破坏和丢失的特性。完整性是一种面向信息的安全性，它要求保持信息的原样，即信息的正确生成和正确存储和传输。

完整性与保密性不同，保密性要求信息不被泄露给未授权的人，而完整性则要求信息不能受到各种原因的破坏。影响网络信息完整性的主要因素有：设备故障、误码(传输、处理和存储过程中产生的误码，定时的稳定度和精度降低造成的误码，各种干扰源造成的误码)、人为攻击、计算机病毒等。

5．不可抵赖性

不可抵赖性也称作不可否认性，在网络信息系统的信息交互过程中，确认参与者的真实同一性，即所有参与者都不能否认或抵赖曾经完成的操作和承诺。利用信息源证据可以防止发信方不真实地否认已发送信息，利用递交接收证据可以防止收信方事后否认已经接收的信息。

6．可控性

可控性是对网络信息的传播及内容具有控制能力的特性。

概括地说，网络信息安全与保密的核心是通过计算机、网络、密码技术和安全技术，保护在公用网络信息系统中传输、交换和存储的消息的保密性、完整性、真实性、可靠性、可用性、不可抵赖性等。

1.3.3　常用的计算机网络安全技术

1．数据加密技术

数据加密技术是最基本的网络安全技术，被誉为信息安全的核心，通常直接用于保证数据在存储过程中的保密性，而且任何级别的安全保护技术都可以引入加密概念。它能起到数据加密、身份验证、保持数据的完整性和抗否认性等作用。数据加密技术要求只有在指定的用户或网络下，才能解除密码而获得原来的数据，这就需要给数据发送方和接受方以一些特殊的信息用于加解密，这就是所谓的密钥。其密钥的值是从大量的随机数中选取的。按加密算法分为专用密钥和公开密钥两种。

1) 专用密钥

专用密钥，又称为对称密钥或单密钥，加密和解密时使用同一个密钥，即同一个算法。单密钥是最简单的方式，通信双方必须交换彼此密钥，当需给对方发信息时，用自己的加密密钥进行加密，而在接收方收到数据后，用对方所给的密钥进行解密。当一个文本要加密传送时，该文本用密钥加密构成密文，密文在信道上传送，收到密文后用同一个密钥将密文解出来，形成普通文体供阅读。在对称密钥中，密钥的管理极为重要，一旦密钥丢失，密文将无密可保。这种方式在与多方通信时因为需要保存很多密钥而变得很复杂，而且密钥本身的安全就是一个问题。

2) 公开密钥

公开密钥，又称非对称密钥，加密和解密时使用不同的密钥，即不同的算法，虽然两者之间存在一定的关系，但不可能轻易地从一个推导出另一个。非对称密钥由于两个密钥(加密密钥和解密密钥)各不相同，因而可以将一个密钥公开，而将另一个密钥保密，同样可以起到加密的作用。

2. 鉴别技术

在安全领域中，除了考虑信息本身的保密性外，还需要保证信息的完整性以及通信过程中用户身份的真实性。通常这方面的安全是通过数字签名、报文摘要、身份认证和数字证书等技术来具体实现的。这里以数字签名技术为例进行讲解。

前面介绍的公开密钥的加密机制虽提供了良好的保密性，但难以鉴别发送者，即任何得到公开密钥的人都可以生成和发送报文。而数字签名机制提供了一种鉴别方法，以解决伪造、抵赖、冒充和篡改等问题。

简单地说，所谓数字签名就是附加在数据单元上的一些数据，或是对数据单元所作的密码变换。这种数据或变换允许数据单元的接收者用以确认数据单元的来源和数据单元的完整性并保护数据，防止被人(例如接收者)进行伪造。它是对电子形式的消息进行签名的一种方法，一个签名消息能在一个通信网络中传输。基于公钥密码体制和私钥密码体制都可以获得数字签名，目前主要是基于公钥密码体制的数字签名。

数字签名有两种功效：一是能确定消息确实是由发送方签名并发出来的，因为别人假冒不了发送方的签名。二是数字签名能确定消息的完整性，因为数字签名的特点是它代表了文件的特征，文件如果发生改变，数字签名的值也将发生变化，不同的文件将得到不同的数字签名。

签名过程简单描述为：报文的发送方用一个哈希函数从报文文本中生成报文摘要(散列值)。发送方用自己的私人密钥对这个散列值进行加密，然后，这个加密后的散列值将作为报文的附件和报文一起发送给报文的接收方。报文的接收方首先用与发送方一样的哈希函数从接收到的原始报文中计算出报文摘要，接着再用发送方的公用密钥来对报文附加的数字签名进行解密。如果两个散列值相同，那么接收方就能确认该数字签名是发送方的。通过数字签名能够实现对原始报文的鉴别，过程如图 1-24 所示。

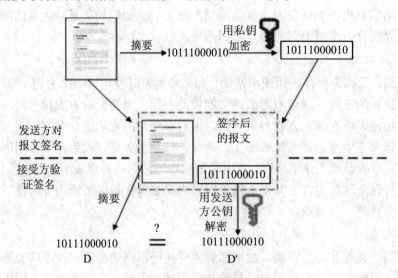

图 1-24　数字签名过程图

3. 访问控制技术

访问控制是网络安全防范和保护的主要策略，它的主要任务是保证网络资源不被非法使用和访问。它是保证网络安全最重要的核心策略之一。访问控制涉及的技术也比较广，包括入网访问控制、网络权限控制、目录级控制以及属性控制等多种手段。

1) 入网访问控制

入网访问控制为网络访问提供了第一层访问控制。它控制哪些用户能够登录到服务器并获取网络资源，控制准许用户入网的时间和准许他们在哪台工作站入网。用户的入网访问控制可分为三个步骤：用户名的识别与验证、用户口令的识别与验证、用户账号的缺省限制检查，三道关卡中只要任何一关未过，该用户便不能进入该网络。对网络用户的用户名和口令进行验证是防止非法访问的第一道防线。为保证口令的安全性，用户口令不能显示在显示屏上，口令长度应不少于 6 个字符，口令字符最好是数字、字母和其他字符的混合，用户口令必须经过加密。用户还可采用一次性用户口令，也可用便携式验证器(如智能卡)来验证用户的身份。

网络管理员可以控制和限制普通用户的账号使用、访问网络的时间和方式。用户账号应只有系统管理员才能建立。用户口令应是每个用户访问网络所必须提交的"证件"，用户可以修改自己的口令，但系统管理员应该可以控制口令的以下几个方面的限制：最小口令长度、强制修改口令的时间间隔、口令的唯一性、口令过期失效后允许入网的宽限次数。用户名和口令验证有效之后，再进一步履行用户账号的缺省限制检查。网络应能控制用户登录入网的站点、限制用户入网的时间、限制用户入网的工作站数量。当用户对交费网络的访问"资费"用尽时，网络还应能对用户的账号加以限制，用户此时应无法进入网络访问网络资源。网络应对所有用户的访问进行审计。如果多次输入口令不正确，则认为是非法用户的入侵，应给出报警信息。

2) 网络权限控制

网络权限控制是针对网络非法操作所提出的一种安全保护措施。用户和用户组被赋予一定的权限，网络可以控制用户和用户组访问哪些目录、子目录、文件和其他资源，可以指定用户对这些文件、目录、设备能够执行哪些操作。受托者指派和继承权限屏蔽(irm)可作为两种实现方式。受托者指派控制用户和用户组如何使用网络服务器的目录、文件和设备；继承权限屏蔽相当于一个过滤器，可以限制子目录从父目录那里继承哪些权限。我们可以根据访问权限将用户分为几类：特殊用户(即系统管理员)；一般用户，系统管理员根据他们的实际需要为他们分配操作权限；审计用户，负责网络的安全控制与资源使用情况的审计。用户对网络资源的访问权限可以用访问控制表来描述。

3) 目录级控制

网络应允许控制用户对目录、文件、设备的访问。用户在目录一级指定的权限对所有文件和子目录有效，用户还可进一步指定对目录下的子目录和文件的权限。对目录和文件的访问权限一般有八种：系统管理员权限、读权限、写权限、创建权限、删除权限、修改权限、文件查找权限、访问控制权限。用户对文件或目标的有效权限取决于两个因素：用户或用户所在组的受托者指派、继承权限屏蔽取消的用户权限。一个网络管理员应当为用户指定适当的访问权限，这些访问权限控制着用户对服务器的访问。八种访问权限的有效组合可以让用户有效地完成工作，同时又能有效地控制用户对服务器资源的访问，从而加强网络和服务器的安全性。

4) 属性控制

使用文件、目录和网络设备时，网络系统管理员应给文件、目录等指定访问属性。属性安全在权限安全的基础上提供更进一步的安全性，网络上的资源都应预先标出一组安全属性。用户对网络资源的访问权限对应着一张访问控制表，用以表明用户对网络资源的访问能力。属性设置可以覆盖已经指定的任何受托者指派和有效权限。属性往往能控制几个方面的权限：如向某个文件写数据、拷贝一个文件、删除目录或文件、查看目录和文件、执行文件、隐含文件、共享、系统属性等。

5) 服务器安全控制

网络允许在服务器控制台上执行一系列操作。用户使用控制台可以装载和卸载模块，可以进行安装和删除软件等操作。网络服务器的安全控制包括：可以设置口令锁定服务器控制台，以防止非法用户修改、删除重要信息或破坏数据；可以设定服务器登录时间限制、非法访问者检测和关闭的时间间隔。

4. 防火墙技术

防火墙技术是建立在现代通信网络技术和信息安全技术基础上的应用性安全技术，越来越多地应用于专用网络与公用网络的互连环境之中，尤其以接入 Internet 为最甚。

防火墙是指设置在不同网络或网络安全域之间的一系列部件的组合。它是不同网络或网络安全域之间信息的唯一出入口，能根据企业的安全政策控制(允许、拒绝、监测)出入网络的信息流，且本身具有较强的抗攻击能力。它是提供信息安全服务，实现网络和信息安全的基础设施。

在逻辑上，防火墙是一个分离器、一个限制器、也是一个分析器，能有效地监控内部网和 Internet 之间的任何活动，保证了内部网络的安全。

防火墙有许许多多种形式，有以软件形式运行在普通计算机之上的，也有以固件形式设计在路由器之中的。总的来说业界的分类有三种：包过滤防火墙、应用级网关和状态监测防火墙。

(1) 包过滤防火墙。在互联网这样的 TCP/IP 网络上，所有往来的信息都被分割成许许多多一定长度的信息包，包中包含发送者的 IP 地址和接收者的 IP 地址信息。当这些信息包被送上互联网时，路由器会读取接收者的 IP 并选择一条合适的物理线路发送出去，信息包可能经由不同的路线抵达目的地，当所有的包抵达目的地后会重新组装还原。包过滤式的防火墙会检查所有通过的信息包中的 IP 地址，并按照系统管理员所给定的过滤规则进行过滤。如果对防火墙设定某一 IP 地址的站点为不适宜访问的话，从这个地址来的所有信息都会被防火墙屏蔽掉。

包过滤防火墙的优点是它对于用户来说是透明的，处理速度快而且易于维护，通常作为第一道防线来设防。包过滤路由器通常没有用户的使用记录，这样我们就不能得到入侵者的攻击记录。而攻破一个单纯的包过滤式防火墙对黑客来说还是有办法的，"IP 地址欺骗"是黑客比较常用的一种攻击手段，黑客们向包过滤式防火墙发出一系列信息包，这些包中的 IP 地址已经被替换为一串顺序的 IP 地址，一旦有一个包通过了防火墙，黑客便可以用这个 IP 地址来伪装他们发出的信息；在另一种情况下黑客们使用一种他们自己编制的路由攻击程序，这种程序使用动态路由协议来发送伪造的路由信息，这样所有的信息包都会被重新路由到一个入侵者所指定的特别地址；破坏这种防火墙的另一种方法被称之为"同步风暴"，这实际上是一种网络炸弹。攻击者向被攻击的计算机发出许许多多个虚假的"同步请求"信息包，目标计算机响应了这种信息包后会等待请求发出者的应答，而攻击者却不做任何的响应，如果服务器在一定时间里没有收到响应信号的话就会结束这次请求连接，但是当服务器在遇到成千上万个虚假请求时，它便没有能力来处理正常的用户服务请求，处于这种被攻击的服务器表现为性能下降，服务响应时间变长，严重时服务完全停止甚至死机。

(2) 应用级网关。应用级网关也就是通常我们提到的代理服务器。它适用于特定的互连网服务，如超文本传输(HTTP)，远程文件传输(FTP)，等等。代理服务器通常运行在两个网络之间，它对于客户来说像是一台真的服务器，而对于外界的服务器来说，它又是一台客户机。当代理服务器接收到用户对某站点的访问请求后会检查该请求是否符合规定，如果规则允许用户访问该站点的话，代理服务器会像一个客户一样去那个站点取回所需信息再转发给客户。代理服务器通常都拥有一个高速缓存，这个缓存存储有用户经常访问的站点内容，在下一个用户要访问同一站点时，服务器就不用重复地获取相同的内容，直接将缓存内容发出即可，既节约了时间也节约了网络资源。代理服务器会像一堵墙一样挡在内部用户和外界之间，从外部只能看到该代理服务器而无法获知任何的内部资源，诸如用户的 IP 地址等。

应用级网关比单一的包过滤更为可靠，而且会详细地记录所有的访问状态信息。但是应用级网关也存在一些不足之处，首先它会使访问速度变慢，因为它不允许用户直接访问网络, 而且应用级网关需要对每一个特定的互联网服务安装相应的代理服务软件, 用户不能使用未被服务器支持的服务, 对每一类服务要使用特殊的客户端软件, 更甚者并不是所有的互联网应用软件都可以使用代理服务器。

(3) 状态监测防火墙。这种防火墙具有非常好的安全特性, 它使用了一个在网关上执行网络安全策略的软件模块, 称之为监测引擎。监测引擎在不影响网络正常运行的前提下, 采用抽取有关数据的方法对网络通信的各层实施监测, 抽取状态信息, 并动态地保存起来作为以后执行安全策略的参考。监测引擎支持多种协议和应用程序, 并可以很容易地实现应用和服务的扩充。与前两种防火墙不同, 当用户访问请求到达网关的操作系统前, 状态监视器要抽取有关数据进行分析, 结合网络配置和安全规定做出接纳、拒绝、身份认证、报警或给该通信加密等处理动作。一旦某个访问违反安全规定, 就会拒绝该访问, 并报告有关状态作出日志记录。状态监测防火墙的另一个优点是它会监测无连接状态的远程过程调用(RPC)和用户数据报(UDP)之类的端口信息, 而包过滤和应用网关防火墙都不支持此类应用。这种防火墙无疑是非常坚固的, 但它会降低网络的速度, 而且配置也比较复杂。好在防火墙厂商已注意到这一问题, 如 CheckPoint 公司的防火墙产品Firewall-1, 它所有的安全策略规则都是通过面向对象的图形用户界面(GUI)来定义, 以简化配置过程。

防火墙和家里的防盗门很相似, 它们对普通人来说是一层安全防护, 但是没有任何一种防火墙能提供绝对的保护。这就是为什么许多公司建立多道防火墙的原因, 当黑客闯过一道防火墙后他只能获取一部分数据, 其他的数据仍然被安全地保护在内部防火墙之后。总之, 防火墙是增加计算机网络安全的手段之一, 只要网络应用存在, 防火墙就有其存在的价值。

5. 网络安全扫描技术

网络安全扫描技术是为使系统管理员能够及时了解系统中存在的安全漏洞, 并采取防范措施, 从而降低系统的安全风险而发展起来的一种安全技术。利用安全扫描技术, 可以对局域网、主机操作系统、系统服务器以及防火墙系统的安全漏洞进行扫描, 这样系统管理员就可以了解到在运行的网络系统中不安全的网络服务了。

1) 网络远程安全扫描

在网络安全扫描软件中, 很多都是针对网络的远程安全扫描的, 这些扫描软件能够对远程主机的安全漏洞进行检测并做初步的分析。但另一方面, 由于这些软件能够对安全漏洞进行远程扫描, 也变成网络攻击者进行攻击的有效工具, 他们利用这些软件对目标主机进行扫描, 检测主机上可以利用的安全弱点, 并以此为基础实施网络攻击。因此, 网络安全扫描是提高网络安全的重要技术。

2) 防火墙系统扫描

防火墙系统是保障内部网络安全的一个重要的安全部件, 但由于防火墙系统配置复杂, 很容易产生错误, 从而给内部网络留下安全漏洞。为了解决防火墙系统的安全问题, 防火墙安全扫描软件提供了对防火墙系统配置及其运行系统的安全检测, 通过对源端口、源路由、TCP 端口猜测攻击等潜在的防火墙安全漏洞, 进行模拟测试来检查其配置的正确性, 并通过模拟强力攻击、拒绝服务攻击等来测试操作系统的安全性。

3) 系统安全扫描

系统安全扫描技术通过对目标主机的操作系统的配置进行检测，报告安全漏洞并给出一些建议或修补措施。系统安全扫描软件通常能够检查到潜在的操作系统漏洞、不正确的文件属性和权限设置、脆弱的用户口令、网络服务配置错误、操作系统底层非授权的更改以及攻击者攻破系统的迹象等。

6. 网络入侵检测技术

网络入侵检测技术(ISD)是为保证计算机系统的安全而设计与配置的一种能够及时发现并报告系统中未授权或异常现象的技术，是一种用于检测计算机网络中违反安全策略行为的技术。ISD 主要用来监视和分析用户及系统的活动，可以识别反映已知进攻的活动模式并向相关人士报警。对异常行为模式，网络入侵检测技术要以报表的形式进行统计分析。产品提供的功能还要评估重要系统和数据文件的完整性。

一个成功的网络入侵检测系统，不仅可使系统管理员时刻了解网络系统，还能给网络安全策略的制订提供依据。它的管理配置简单，能使非专业人员非常容易地获得网络安全。入侵检测的规模还应根据网络规模、系统构造和安全需求的改变而改变。入侵检测系统在发现入侵后，会及时作出响应，包括切断网络连接、记录事件和报警等。

目前市场上的 IDS 产品从技术上看，基本可以分为两大类：基于网络的产品和基于主机的产品。混合的入侵检测系统可以弥补一些基于网络与基于主机的片面性缺陷。此外，文件的完整性检查工具也可看做是一类入侵检测产品。

7. 黑客诱骗技术

黑客诱骗技术是近几年发展起来的一种信息安全技术，它通过一个由网络信息安全专家精心设置的特殊系统来引诱黑客，并对黑客进行跟踪和记录。这种黑客诱骗系统通常也称为"蜜罐"系统，其最重要的功能是特殊设置的对于系统中所有操作的监视和记录，信息安全专家通过精心地伪装使得黑客在进入到目标系统后，仍不知晓自己所有的行为已处于系统的监视之中。为了吸引黑客，信息安全专家通常还在蜜罐系统上故意留下一些安全后门来吸引黑客上钩，或者放置一些网络攻击者希望得到的敏感信息，当然这些信息都是虚假信息。这样，当黑客正为攻入目标系统而沾沾自喜的时候，他在目标系统中的所有行为，包括输入的字符、执行的操作都已经被蜜罐系统所记录。有些蜜罐系统甚至可以对黑客网上聊天的内容进行记录。蜜罐系统管理人员通过研究和分析这些记录，可以知道黑客采用的攻击工具、攻击手段、攻击目的和攻击水平，通过分析黑客的网上聊天内容还可以获得黑客的活动范围以及下一步的攻击目标，根据这些信息，管理人员可以提前对系统进行保护。同时在蜜罐系统中记录下的信息还可以成为对黑客进行起诉的证据。

除此之外，诸如计算机病毒防范技术、访问控制技术等也是实现信息安全防范的主要措施。

在上述信息安全防范技术中，数据加密是其他一切安全技术的核心和基础，是保证数据传输安全和存储安全的关键技术；防火墙和 IDS 是保护网络安全的主要技术，防火墙是第一道安全屏障，IDS 是实现动态检测；扫描技术是扫描缺陷，即找出缺陷和漏洞，进行评估，以便进行修补的主要技术。在实际网络系统的安全实施中，可以根据系统的安全需求，配合使用各种安全技术来实现一个完整的网络信息安全解决方案。例如，目前常用的自适应网络信息管理模型，就是通过防火墙、信息安全扫描、网络入侵检测等技术的结合来实现网络系统动态的可适应的信息安全目标。

1.4　网络应用新技术简介

1.4.1　网格技术与云计算

1．网格定义

网格一词译自英文单词"Grid"。把整个因特网整合成一台巨大的超级计算机，实现计算资源、存储资源、数据资源、信息资源、知识资源、专家资源的全面共享，规模可以大到某个洲，小到企事业内部、局域网、甚至家庭和个人。

目前，在复杂科学计算领域中仍然以超级计算机作为主宰，但是由于其造价极高，通常只被用于航天局、气象局这样的国家级部门。网格计算(Grid Computing)作为一种新的计算模式，其低廉的造价和超强的数据处理能力备受青睐。目前有很多大公司开始投入其中，如"蓝色巨人"IBM 正在构筑一项名为"Grid Computing"的计划，旨在通过因特网，向每一台个人电脑提供超级的处理能力。

2．网格计算与"云计算"

网格计算是伴随着互联网而迅速发展起来的，针对复杂科学计算的新型计算模式。这种计算模式是利用互联网把分散在不同地理位置的电脑组织成一个"虚拟的超级计算机"，每一台参与计算的计算机就是一个"节点"，而整个计算是由成千上万个"节点"组成的"一张网格"。这样组织起来的"虚拟的超级计算机"有两个优势：一个是数据处理能力超强，另一个是能充分利用网上的闲置处理能力。

网格计算是分布式计算(Distributed Computing)的一种，比较有代表性的就是"云计算"。云计算的核心思想，是将大量用网络连接的计算资源统一管理和调度，构成一个计算资源池向用户提供按需服务。提供资源的网络被称为"云"。"云"中的资源在使用者看来是可以无限扩展的，并且可以随时获取、按需使用、随时扩展、按使用付费。狭义云计算指 IT 基础设施的交付和使用模式，指通过网络以按需、易扩展的方式获得所需资源；广义云计算指服务的交付和使用模式，指通过网络以按需、易扩展的方式获得所需的服务，也可是其他服务。

目前，瑞星、金山、奇虎 360 等安全软件厂商相继发布了"云安全"计划，提出了"云查杀"理念。"云安全(Cloud Security)"计划是网络时代信息安全的最新体现，它融合了并行处理、网格计算、未知病毒行为判断等新兴技术和概念，通过网状的大量客户端对网络中软件行为的异常进行监测，获取互联网中木马、恶意程序的最新信息，推送到 Server 端进行自动分析和处理，再把病毒和木马的解决方案分发到每一个客户端，这样能大幅度的提高计算机病毒查杀的效率。

3．网格计算协议

就像 TCP/IP 协议是 Internet 的核心一样，构建网格计算也需要对标准协议和服务进行定义。迄今为止，网格计算还没有正式的标准，但在核心技术上，相关机构与企业已达成一致，由美国 Argonne 国家实验室与南加州大学信息科学学院(ISI)合作开发的 Globus Toolkit 已成为网格计算事实上的标准，包括 Entropia、IBM、Microsof 在内的 12 家计算机和软件厂商已宣布将采用 Globus Toolkit。作为一种开放架构和开放标准的基础设施，Globus Toolkit 提供了构建网格应用所需的很多基本服务，如安全、资源发现、资源管理、数据访问等。目前所有重大的网格项目都是基于 Globus Tookit 提供的协议与服务建设的。

1.4.2　大数据

1. 大数据概念

根据维基百科的定义，大数据是指无法在可承受的时间范围内用常规软件工具进行捕捉、管理和处理的数据集合。从技术上看，大数据与云计算的关系就像一枚硬币的正反面一样密不可分。大数据必然无法用单台的计算机进行处理，必须采用分布式架构。它的特色在于对海量数据进行分布式数据挖掘，但它必须依托云计算的分布式处理、分布式数据库和云存储、虚拟化技术。

大数据技术的战略意义不在于掌握庞大的数据信息，而在于对这些含有意义的数据进行专业化处理。换言之，如果把大数据比作一种产业，那么这种产业实现盈利的关键，在于提高对数据的"加工能力"，通过"加工"实现数据的"增值"。

2. 大数据系统认识

想要系统的认知大数据，可以从三个层面来展开，如图 1-25。

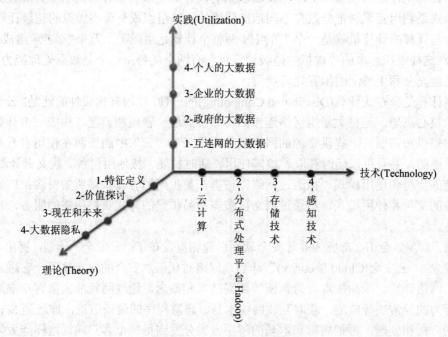

图 1-25　大数据三维系统图

第一层面是理论。理论是认知的必经途径，也是被广泛认同和传播的基线。在这里从大数据的特征定义理解行业对大数据的整体描绘和定性；从对大数据价值的探讨来深入解析大数据的珍贵所在；洞悉大数据的发展趋势；从大数据隐私这个特别而重要的视角审视人和数据之间的长久博弈。

第二层面是技术。技术是大数据价值体现的手段和前进的基石。在这里分别从云计算、分布式处理技术、存储技术和感知技术的发展来说明大数据从采集、处理、存储到形成结果的整个过程。

第三层面是实践。实践是大数据的最终价值体现。在这里分别从互联网的大数据，政府的大数据，企业的大数据和个人的大数据四个方面来描绘大数据已经展现的美好景象及即将实现的蓝图。

3. 大数据特点

大数据分析相比于传统的数据仓库应用，具有数据量大、查询分析复杂等特点。业界将其归纳为 4 个 "V"——Volume(数据体量大)、Variety(数据类型繁多)、Velocity(处理速度快)、Value(价值密度低)。

(1) 数据体量巨大。从 TB 级别，跃升到 PB 级别；

(2) 数据类型繁多。前文提到的网络日志、视频、图片、地理位置信息等等。

(3) 处理速度快，1 秒定律，可从各种类型的数据中快速获得高价值的信息，这一点也是和传统的数据挖掘技术有着本质的不同。

(4) 只要合理利用数据并对其进行正确、准确的分析，将会带来很高的价值回报。从某种程度上说，大数据是数据分析的前沿技术。简言之，从各种各样类型的数据中，快速获得有价值信息的能力，就是大数据技术。明白这一点至关重要，也正是这一点促使该技术具备走向众多企业的潜力。

4. 大数据运用案例

大数据可分成大数据技术、大数据工程、大数据科学和大数据应用等领域。目前人们谈论最多的是大数据技术和大数据应用。工程和科学问题尚未被重视。大数据工程指大数据的规划建设运营管理的系统工程；大数据科学关注大数据网络发展和运营过程中发现和验证大数据的规律及其与自然和社会活动之间的关系。

IBM 的大数据战略以其在 2012 年 5 月发布智慧分析洞察 "3A5 步" 动态路线图作为基础。所谓 "3A5 步"，指的是在 "掌握信息"(Align)的基础上 "获取洞察"(Anticipate)，进而采取行动(Act)，优化决策策划能够救业务绩效。除此之外，还需要不断地 "学习"(Learn)从每一次业务结果中获得反馈，改善基于信息的决策流程，从而实现 "转型"(Transform)。基于 "3A5 步" 动态路线图，IBM 提出了 "大数据平台" 架构。该平台的四大核心能力包括 Hadoop 系统、流计算(StreamComputing)、数据仓库(Data Warehouse)和信息整合与治理(Information Integration and Governance)，如图 1-26。

在大数据处理领域，IBM 于 2012 年 10 月推出了 IBMPureSystems 专家集成系统的新成员——IBM PureData 系统。这是 IBM 在数据处理领域发布的首个集成系统产品系列。PureData 系统具体包含三款产品，分别为 PureDataSystem for Transactions、PureData System forAnalytics 和 PureData System for Operational Analytics，可分别应用于 OLTP(联机事务处理)、OLAP(联机分析处理)和大数据分析操作。与此前发布的 IBMPureSystems 系列产品一样，IBM PureData 系统提供内置的专业知识、源于设计的集成，以及在其整个生命周期中的简化体验。

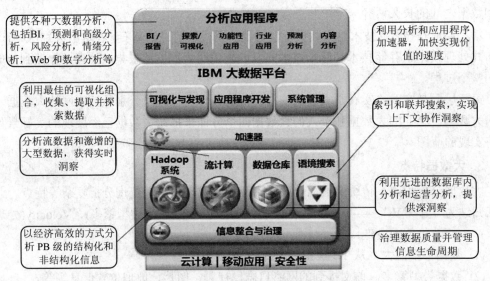

图 1-26　IBM 大数据平台和应用程序框架

1.5　网页设计概述

当我们访问网站的时候，直接打开的是一个个的"网页"，网页是构成网站的最基本元素，是承载各种网站应用的平台，也就是说网站是由网页构成的。通常一个因特网上的网站会有很多信息需要发布，需要分栏目和有层次地展示，可以利用一些工具软件将这些内容制作成一系列 HTML(超文本标记语言)文档，每一个文档构成一个现实窗口，这样的文档就是网页。要建设一个优秀的网站，通常需要遵循以下工作流程：网站规划→网站设计→网页制作→网站性能测试与发布→网站更新与维护。

1.5.1　网站规划

一个网站的成功与否与建立前的网站规划有着极为重要的关系。在建立网站前应明确建设网站的目的，确定网站的功能、规模、投入费用，进行必要的市场分析等。只有详细的规划，才能避免在网站建设中出现很多问题，从而使网站建设能顺利进行。重点需要考虑以下几个方面：

(1) 网站题材的定位。

(2) 建立网站的目的和用户需求。

(3) 确定网站的风格。

(4) 网站的技术问题。

1.5.2　网站设计

对网站进行详细的规划之后，就可以进入到设计阶段了。好的 Web 站点要做到主题鲜明突出、要点明确、以简单明了的语言和画面体现站点的主题，调动技术手段充分表现网站的个性、突出网站的特点。设计时需要考虑以下几个方面：① 网站的板式设计；② 色彩在网页中的作用；③ 网页形式与内容的统一；④ 多媒体功能的利用。

网站给人的第一印象来自视觉冲击，网站不同的色彩搭配会产生出不同的效果，并可能影响到访问者的情绪。一个网站的标准色彩不宜过多，过多会让人眼花缭乱，标准色彩应用于网站的标志、标题、主菜单和主色块，给人一种整体统一的感觉。其他色彩也可以使用，但只能作为点缀和衬托，不可喧宾夺主。

不同的颜色会给浏览者不同的心理感受。每种色彩在亮度、色调、饱和度上细微的变化便会产生出不同的感觉。

红色：强烈、喜庆的色彩，具有热情、活力的感觉；

黄色：有温暖感，具有快乐、智慧、轻快的、尊贵的感觉；

蓝色：天空的颜色，永恒、博大，具有凉爽、清新、淡雅、平静的感觉；

绿色：生命的颜色，具有和睦、宁静、健康、安全的感觉。

在色彩运用上比较成功的例子有 Microsoft 的天空蓝、Windows 视窗等。Microsoft 网页的颜色搭配采用了蓝、橙、白色搭配系，给人以简单明快而又舒适的感觉，如图 1-27 所示。

图 1-27　Microsoft 网页

1.5.3　网页制作技术

目前网页制作技术从大的方面可分为静态网页制作和动态网页制作。静态网页制作采用 HTML(超文本标记语言)编写的网页，供浏览者浏览，此阶段需要根据设计阶段制作的示例网页，通过 Dreamweaver 等软件在各个具体网页中添加实际内容，如文本、图形图像、动画、声音、视频等。动态网页编程制作可以增加网页的交互性，使用的软件工具有 ASP、PHP、JSP、ASP.NET 等。

1.5.4　网站性能测试与发布

网站制作完毕，在本机上进行测试，查看网站上是否存在某些错误，如网站是否存在链接错误、图片是否正常显示、网页程序代码是否有误等。测试完毕后需上传到 Web 服务器上。

1.5.5　网站更新与维护

要充分发挥网站的市场功能，就需要及时更新最新信息。一个企业需要有专业的网站维护人员或交给专业的网络公司来承担这项工作。

1.6 网页开发工具 Dreamweaver 简介

网页的设计开发通常使用专门的网页开发工具来完成，其中 Dreamweaver 就是一款优秀的可视化网页制作工具，即便是那些既不懂 HTML 语言，没有进行过程序设计的用户，也能够用它轻松制作出自己的精彩网页。Dreamweaver 有方便编辑的窗口环境、易于辨别的工具列表，无论在使用什么功能出现问题时，都可以找到帮助的信息。当前较高且成熟的版本是 Dreamweaver CS5，它的启动界面如图 1-28 所示。

图 1-28 Dreamweaver CS5 启动界面

在 Dreamweaver CS5 中提供了众多功能强大的可视化工具、应用程序开发环境以及代码编辑的支持，使开发人员和设计师能够快速创建代码规范的程序。其集成度非常高，开发环境精简而高效。此外，开发人员还可运用 Dreamweaver CS5 与其服务器，构建出功能强大的网络应用程序。Dreamweaver CS5 的操作界面如图 1-29 所示。

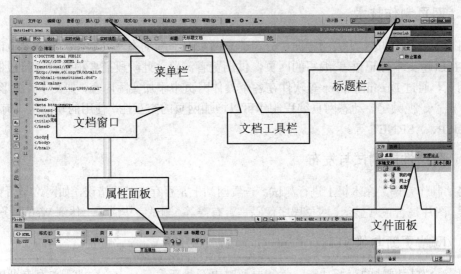

图 1-29 Dreamweaver CS5 操作界面

1.6.1　标题栏

标题栏位于整个工作界面最上方，主要用来标示 Dreamweaver CS5 的标志，软件主要功能以及最大化、最小化和关闭窗口 3 个按钮。

1.6.2　菜单栏

在 Dreamweaver CS5 中共有文件、编辑、查看、插入、修改、格式、命令、站点、窗口和帮助 10 个主菜单，如图 1-30 所示，这些菜单几乎提供了 Dreamweaver CS5 中的所有操作选项。熟悉并掌握这 10 个主菜单的基本用途，对于熟练掌握 Dreamweaver CS5 软件的操作将会大有帮助。

Dw　文件(F)　编辑(E)　查看(V)　插入(I)　修改(M)　格式(O)　命令(C)　站点(S)　窗口(W)　帮助(H)

图 1-30　Dreamweaver CS5 菜单

"文件"菜单：主要用于文件管理。它不仅包含一般"文件"菜单的标准功能选项，如新建、打开、保存等，还包含了其他的一些功能，用于对当前文档执行相应的操作，如发布设置、发布预览等功能选项。

"编辑"菜单：用于对选定区域进行操作。它包含了"编辑"菜单的标准功能项，如复制、粘贴、查找替换等功能。在"编辑"菜单中还提供了对 Dreamweaver 菜单中"首选参数"的访问。

"查看"菜单：用于设置并观察各文档视图信息，如设定显示比例、预览模式等，是否显示或编辑网格、辅助线等，还可以显示和隐藏不同类型的页面元素、Dreamweaver 工具以及工具栏。

"插入"菜单：是插入栏的替代项，用于将各种对象插入到文档中。

"修改"菜单：用于对选定文档内容或某项的属性进行更改。利用该菜单可以编辑标签属性、更改表格和表格元素，并且为库项目模板执行不同的操作。

"格式"菜单：主要用于设置文本的格式，如字体、大小、样式等。

"命令"菜单：提供对各种命令的访问，包括一个根据用户格式首选参数设置代码格式的命令、一个创建相册的命令，以及一个使用 Macromedia Fireworks 优化图像的命令。

"站点"菜单：提供用户管理站点以及上传和下载文件的菜单项。

"窗口"菜单：对 Dreamweaver CS5 中所有的面板、检查器和窗口进行访问。

"帮助"菜单：提供对 Dreamweaver CS5 文档的访问，包括关于使用 Dreamweaver CS5，以及创建 Dreamweaver CS5 扩展功能的帮助系统。另外，还包括提供各种语言的参考资料。

此外，Dreamweaver CS5 还提供了多种上下文菜单，以便于用户方便地访问与当前选择区域有关的命令。在 Dreamweaver CS5 窗口中某处右击，即可显示上下文菜单。

1.6.3　文档工具栏

Dreamweaver CS5 的操作环境允许用户在文档窗口中，显示代码视图编辑区或显示设计视图编辑区，或同时显示代码视图编辑区和设计视图编辑区。用户可以在 Dreamweaver

的文档工具栏中，分别通过单击"拆分"按钮、"代码"按钮和"设计"按钮，选择需要的开发环境，如图 1-31 所示。

图 1-31　文档工具栏

文档工具栏主要的作用是可以不必使用菜单命令，仅通过快捷菜单按钮即可方便地控制文档的视图显示。

文档工具栏的具体功能如下：

"代码"按钮：切换当前的窗口为代码视图。

"拆分"按钮：切换当前的窗口为代码和设计视图。

"设计"按钮：切换当前的窗口为设计视图。

检查浏览器兼容性：用于检查用户的 Css 是否对于各种浏览器均兼容。

在浏览器中预览/调试：允许在浏览器中预览或调试文档，从弹出的菜单中选择一个浏览器。

可视化助理：使用户可以用各种可视化助理来设计页面。

刷新设计视图：在"代码"视图中对文档进行更改后刷新文档的"设计"视图。在执行某些操作(如保存文件或单击该按钮)之后，在"代码"视图中所做地更改将自动显示在"设计"视图中。

"标题"文本框：在"标题"后面的文本框中输入所设计文档的名称或单击文本框以外的地方，所设置的标题就会显示在标题栏中。

文件管理器：显示"文件管理"弹出菜单。

如果用户想修改网页标题，可选择"修改"→"页面属性"菜单项，打开"页面属性"对话框，在"标题/编码"选项下修改文档的标题，如图 1-32 所示；也可以直接在文档工具栏的"标题"文本框中修改文档的标题。

图 1-32　页面属性

1.6.4　文档窗口

显示当前创建和编辑的文档。左边是代码视图文档编辑窗口，右边是设计视图文档编辑窗口。如图 1-33 所示。

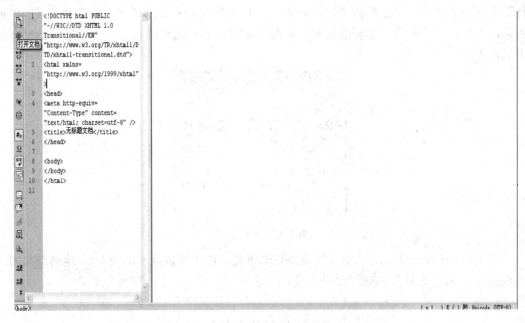

图 1-33　文档窗口

1.6.5　属性面板

在 Dreamweaver CS5 的主窗口中，属性面板是一个比较常用的面板，在程序启动时会默认显示在文档区域编辑区域的下方，用户可根据需要对其随时隐藏或调用。

例如，在主菜单"窗口"的下拉菜单中取消"属性"项的选择来关闭已打开的属性面板，选择之后文档窗口区域将不再显示该面板；也可以单击属性面板左边的三角箭头，单击属性面板将其显示或隐藏，如图 1-34 所示。

图 1-34　属性面板

属性面板并不是将所有对象的属性都加载到面板上，而是根据用户选择的对象，来动态显示对象的属性。在制作网页时可以根据需要进行打开、关闭属性面板，或通过拖动属性面板的标题栏将其移动至合适位置，使操作方便，从而提高网页的制作效率。

属性面板可以随着选择对象的不同进行改变，在使用 Dreamweaver CS5 时应注意，属性面板的状态完全是随当前在文档中的选择对象来决定的。例如，当前选中一幅图像，则在属性面板中将出现该图像的相应属性；如果选择了表格，这时属性面板将会相应变化为表格的属性。

1.6.6　文件面板

使用"文件"面板可查看和管理 Dreamweaver 站点中的文件，如图 1-35 所示。在"文件"面板中查看站点、文件或文件夹时，可以更改查看区域的大小，可以展开或折叠"文件"面板。当"文件"面板折叠时，将以文件列表形式显示本地站点、远程站点或测试服务器的内容；当"文件"面板展开时，将显示本地站点和远程站点，或者显示本地站点和测试服务器。

图 1-35　文件面板

对于 Dreamweaver 站点，还可以通过更改折叠面板中默认显示的视图(本地站点视图或远程站点)，对"文件"面板进行自定义。

1.7　站点的创建与管理

假设某学校为了让大学生之间有更好的沟通，欲建立"大学生学习交流网"，通过网站来展示教师与学生的学习生活等情况，在建立网站之前，需要收集相关素材，并规划站点结构。

1.7.1　站点结构规划

【例 1.1】　站点的创建与管理。

(1) 站点目录结构规划。

为了养成良好的素材管理习惯，首先要对收集地素材进行分类，通过建立文件夹来管理素材，然后根据网站主题，规划站点结构。通常按照素材的类型规划网站目录结构，并建立相应的文件夹。如图 1-36 所示，将收集的素材进行分类，放置到相关文件夹中。

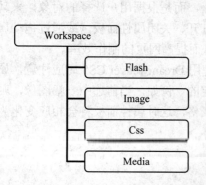

图 1-36　站点目录结构规划

(2) 网站导航结构规划。

根据"大学生学习交流网"的使用范围和用途，设计导航草图，如图 1-37 所示。

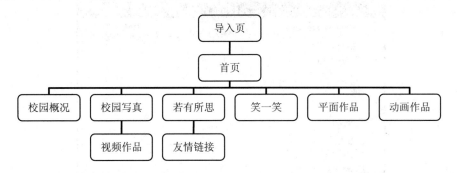

图 1-37　网站导航结构规划

1.7.2　创建站点

启动 Dreamweaver CS5，选择"站点"→"管理站点"命令，或单击"文件"面板中"管理站点"命令，弹出"管理站点"对话框，如图 1-38 所示。

图 1-38　管理站点

单击"新建"按钮，弹出快捷菜单。在"站点"选项卡右边的"站点名称"输入框中输入站点名称"Workspace"，如图 1-39 所示。

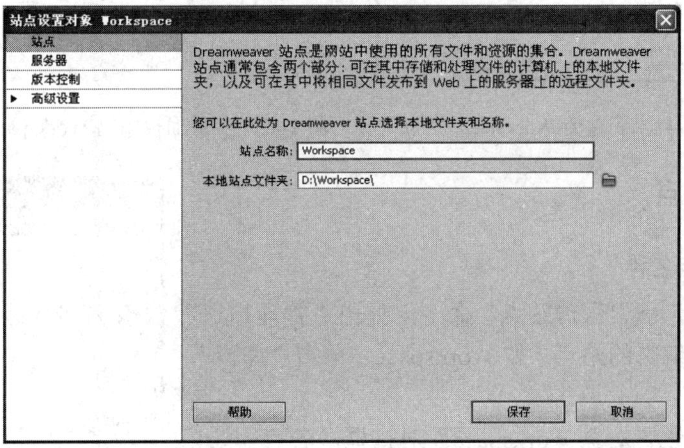

图 1-39　站点设置

单击"本地站点文件夹"右边选择按钮，在弹出的"选择根文件夹"对话框中，选择Workspace 目录(本书为 D:\Workspace)，将根文件夹指定，如图 1-40 所示。

图 1-40　选择根文件夹

单击"保存"按钮，返回"管理站点"对话框，能看到站点列表中出现刚刚新建的Workspace 站点，如图 1-41 所示。

单击"完成"按钮完成站点创建，在软件右下角的文件面板中就能看到刚建立好的站点。站点建立好后，新建的网页等文件都可以保存在站点中，以便编辑和修改，如图 1-42所示。

图 1-41　新建的 Workspace 站点　　　图 1-42　文件面板中的 Workspace 站点

1.7.3　管理站点

1. 修改站点名称

选择"站点"→"管理站点"命令，弹出"管理站点"对话框，选择要编辑的站点，如 Workspace，单击"编辑"，如图 1-43 所示。

弹出"站点设置对象 Workspace"对话框，若有需要，可对站点名称和本地站点文件夹等信息进行修改。

图 1-43　修改站点

2. 删除已有站点

选择"站点"→"管理站点",弹出"管理站点"对话框,选择要删除的站点,点击"删除"即可。

1.8　网页布局规划

为了更好地体现"大学生学习交流网"的特点,需要为网站制作一个吸引浏览者的导入页,从而给浏览者留下深刻的印象,并提高网站的浏览量。

1.8.1　导入页规划

【例 1.2】　制作导入页。

在设计之前对社会、教师和学生的需求进行详细分析,并定位网站内容。为吸引浏览者,可以使用图片制作导入页,首先使用 Photoshop 设计好导入页的效果图,然后使用 Fireworks 切图,最后使用 Div + CSS 布局,并把切好的图片置入网页内。这里的 Fireworks 是一款网页图形设计工具,可以使用它创建和编辑位图、矢量图形,可以做出各种网页设计中常见的效果,同时它能与 Dreamweaver、Flash 实现网页的无缝连接,与其他图形程序各 HTML 编辑也能密切配合,为用户一体化的网络设计方案提供支持,如图 1-44 所示。

图 1-44　导入页效果图

(1) Fireworks 切图。

选择"开始"→"所有程序"→"Adobe Fireworks CS5"命令,启动 Fireworks 软件,如图 1-45 所示。

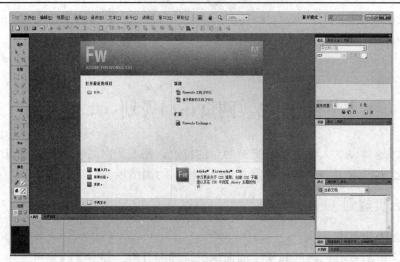

图 1-45　　Adobe Fireworks CS5

① 切片 index。

选择"文件"→"打开"命令，弹出"打开"对话框，打开设计好的"界面设计"文件夹中"导入页.jpg"文件。选择"切片"工具 ，在效果图上切出要在网页中使用的图片，如图 1-46 所示。

图 1-46　　切片导入页

右击切片，在弹出的快捷菜单中选择"导出所选切片"命令，如图 1-47 所示。

图 1-47　　导出所选切片

在打开"导出"对话框中，输入文件名"index"，将"保存类型"设置为"仅图像"，"切片"设置为"导出切片"，勾选"仅已选切片"复选框，然后单击"保存"按钮，如图1-48 所示。在保存位置就会出现切片图片。将导出图片放入站点 Image 文件夹中待用。

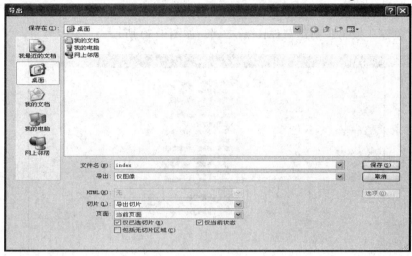

图 1-48 导出对话框设置

② 切片 background。

使用同样的方法，将背景选择一块、切片、导出图片为"background"、放入站点 Image 文件夹中待用，如图 1-49 所示。

图 1-49 切片 background

(2) 新建 HTML 文档。

选择"开始"→"所有程序"→"Adobe Dreamweaver CS5"命令，启动 Dreamweaver CS5 软件，选择"文件"→"新建"命令，弹出"新建文档"对话框，使用默认的"空白页"选项，在"页面类型"列表框中选择 HTML 选项，在"布局"列表框中选择"无"选项，单击"创建"按钮，创建 HTML 新文档，如图 1-50 所示。

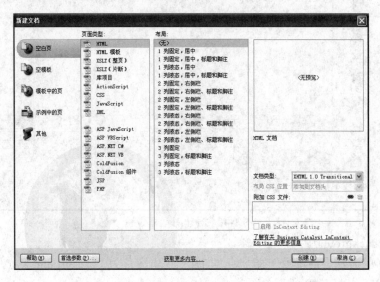

图 1-50　新建 HTML 文档

创建新文档后先保存。选择"文件"→"保存"命令，弹出"另存为"对话框，文件命名为 index.html，保存位置为 Workspace 根目录，单击"保存"按钮保存文件，如图 1-51 所示。

图 1-51　保存 index.html

(3) 使用 Div + CSS 布局 container 层。

Div(division)，即层，是一种标签，主要功能为定义某一区块。CSS(Cascading Style Sheets Positioning)，即层叠样式表，主要功能为设定网页上的元素的展示方式。两者经常结合使用，Div 定义显示区块，CSS 定义显示方式。

① 插入 Div。

选择"插入"→"布局对象"→"Div 标签"命令，弹出"插入 Div 标签"对话框，设置 ID 为"container"。如图 1-52 所示。

图 1-52　插入 container 层图

点击"确定"后，我们看到在左边代码视图中 body 标签下增加了一句：

<div id="container"> 此处显示　id "container" 的内容 </div>，在右边看到插入的层，如图 1-53 所示。

图 1-53　插入 container 层后效果

② 定义 CSS。

在右边 CSS 样式面板内空白处右键单击，弹出快捷菜单，选择"新建"命令，如图 1-54 所示。

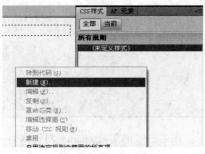

图 1-54　新建 CSS

在"选择器类型"下选择 ID(仅应用于一个 HTML 元素)，在"选择器名称"中输入"container"与上面 DivID 对应，在"规则定义"下选择"新建样式表文件"，如图 1-55 所示。

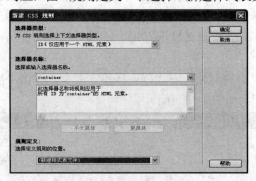

图 1-55　新建 CSScontainer

单击"确定"，在另存为对话框中输入 CSS 名称：indexcss，将文件保存在根目录下"Css"文件夹中，如图 1-56 所示。

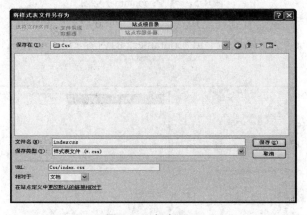

图 1-56　保存 CSS

单击"保存"按钮，弹出"#container 的 CSS 规则定义"对话框，这里可以对多种显示方式进行定义，比如字体、区块大小、背景等，如图 1-57 所示。

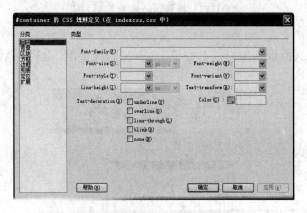

图 1-57　定义 #container 对话框

选择左边的"背景"类选项，在右边将"Background-color"设置为"#CCC"(浅灰色)。

选择左边的"方框"类选项，在右边将 Width(宽)设置为 900 px，Height(高)设置为 500 px。将 Margin(外边距)中 Top 设置为 auto，并勾选全部相同。让这个区块显示在页面中央。具体如图 1-58 所示。

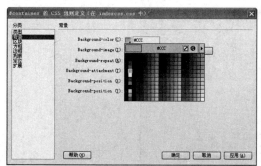

图 1-58　定义 #container

这样我们就完成了一次 Div 与 CSS 配合的布局，按 F12 键(或单击"文件"菜单→"在浏览器中查看"→"IExplore"命令)，浏览网页，弹出"是否将改动保存到 index.html"信息提示对话框，单击"是"按钮，得到网页浏览效果，如图 1-59 所示。

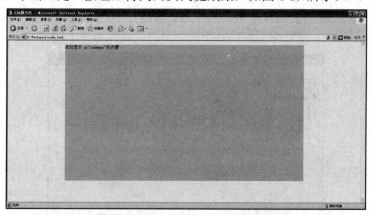

图 1-59　Div 与 Css 布局效果

(4) 使用 Div + CSS 布局 center 层。

下面我们增加中间层，用于放置导入页图片。

将鼠标置于 container 层中，选择"插入"→"布局对象"→"Div 标签"命令，弹出"插入 Div 标签"对话框，设置 ID 为"center"，如图 1-60 所示。

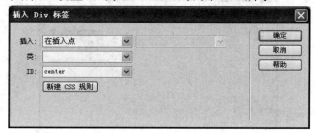

图 1-60　插入 center 层

在右边 CSS 样式面板内选中 indexcss，右击弹出快捷菜单，选择"新建"命令。在"选择器类型"下选择 ID(仅应用于一个 HTML 元素)，在"选择器名称"中输入"center"与上面 DivID 对应，在"规则定义"下选择 indexcss.css 文件，将规则定义在 indexcss 文件中，如图 1-61 所示。

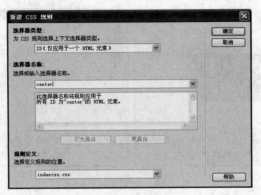

图 1-61　新建 CSScenter

因为导入页需要插入的图片大小为 600 px × 436 px，所以我们将 center 层大小定义为 600 px × 436 px，并让其居中在层 container 中。选择左边的"方框"类选项，在右边将 Width 设置为 600 px，Height 设置为 436 px。将 Padding(内边距)中 Top 设置为 30 px，勾选全部相同；将 Margin 中 Top 设置为 auto，勾选全部相同。具体如图 1-62 所示。

图 1-62　定义#center

单击 center 层，选择"插入"→"图像"命令，在站点 Image 文件夹下找到图片 index (Image/index.jpg)，单击"确定"按钮，如图 1-63 所示。

图 1-63　插入图片 index

图像标签辅助功能属性填"大学生交流学习网欢迎您",文字会在当鼠标在图片上停留时显示,如图 1-64 所示。

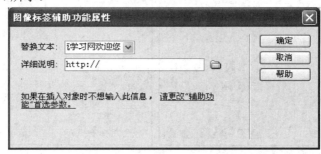

图 1-64 设置图像标签辅助

删除网页中用于辅助生成的文字:"此处显示 id "container" 的内容"与"此处显示 id "center" 的内容",如图 1-65 所示。

图 1-65 删除网页中用于辅助生成的文字

按 F12 键浏览网页,得到网页浏览效果,如图 1-66 所示。

图 1-66 网页浏览效果

选择"修改"→"页面属性"命令,在外观类中将背景图像设置为 Image 文件夹中图片 background(Image/background.jpg),如图 1-67 所示。

图 1-67　设置页面背景图片

在文档工具栏上标题处将网页标题修改为：大学生交流学习网，如图 1-68 所示。

图 1-68　修改网页标题

再按 F12 键浏览网页，得到导入页浏览效果，如图 1-69 所示。

图 1-69　导入页浏览效果

1.8.2　Banner 与导航规划

【例 1.3】　制作 Banner 图与导航条。

在建立的"大学生交流学习网"中，有很多页面，在页面之间浏览比较麻烦，不能明确网页的位置，比较混乱，为此需要制作一个 Banner 图与导航条。

(1) Fireworks 切图。

启动 Fireworks，选择"文件"→"打开"命令，选择使用 Photoshop 处理好的"首页空白"效果图。使用切片工具，将 Banner 图切出(若切片大小不合适，可使用部分选取工具调整)，右键单击选择"导出所选切片"，取名 banner，将图片导出放入站点 Image 文件夹下 main 文件夹中，如图 1-70 所示。

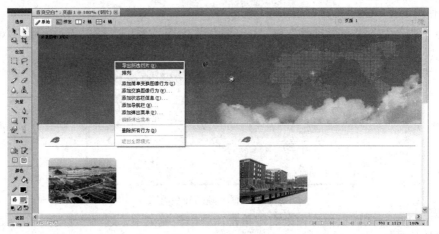

图 1-70　切片 Banner

选择"文件"→"打开"命令，选择使用 Photoshop 处理好的"首页图标"效果图。使用切片工具，将 Logo 和横条切出，右键单击选择"导出所选切片"，分别取名 logo、head01，将图片导出放入站点 Image 文件夹下 main 文件夹中，如图 1-71 所示。

 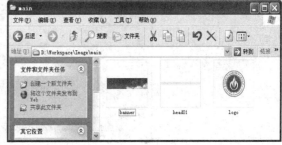

图 1-71　导出所选切片

打开 Dreamweaver，选择"文件"→"新建"命令，弹出"新建文档"对话框，选择"空白页"选项，在"页面类型"中选择 HTML，在"布局"列表框中选择"无"，单击"创建"按钮创建 HTML 新文档。选择"文件"→"保存"命令，将文件命名为"main_head.html"后保存。如图 1-72 所示。

图 1-72　新建 main_head.html

(2) 使用 Div + CSS 布局 container 层。

选择"插入"→"布局对象"→"Div 标签"命令，弹出"插入 Div 标签"对话框，设置 ID 为"container"，如图 1-73 所示。

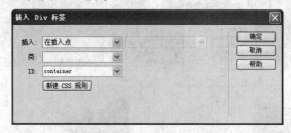

图 1-73　插入 container 层

在右边 CSS 样式面板内空白处右键单击，弹出快捷菜单，选择"新建"命令。在"选择器类型"下选择 ID(仅应用于一个 HTML 元素)，在"选择器名称"中输入"container"与上面 DivID 对应，在"规则定义"下选择新建样式表文件，如图 1-74 所示。

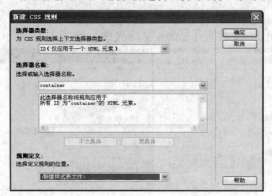

图 1-74　新建 CSScontainer

单击"确定"后弹出另存为对话框，将文件名设为 maincss，保存在 Css 文件中，如图 1-75 所示。

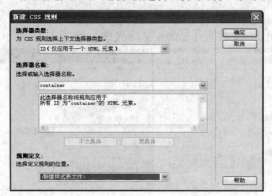

图 1-75　保存 CSSmaincss

　　因为图片"首页空白"大小为 993×1129，所以我们将 container 层大小定义为 993×1129。选择左边的"方框"类选项，在右边将 Width 设置为 993 px，Height 设置为 1129 px。将 Margin 中 Top、Bottom 设置为 0 px，Right、Left 设置为 auto。具体如图 1-76 所示。

图 1-76　设置 #maincss 方框分类

　　选择"修改"→"页面属性"命令，在外观分类中设置左边距、右边距、上边距、下边距为 0 px，背景图像设置为 Image 文件夹下 background 图片(Image/background.jpg)，如图 1-77 所示。

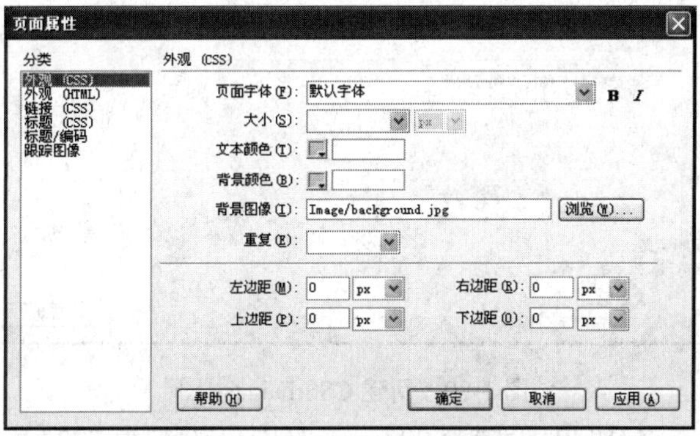

图 1-77　设置 #maincss 外观分类

　　在"标题/编码"分类中，设置标题为：大学生交流学习网，如图 1-78 所示。

图 1-78　设置 #maincss 标题

(3) 使用 Div + CSS 布局 head 层。

在 container 层中，选择"插入"→"布局对象"→"Div 标签"命令，弹出"插入 Div 标签"对话框，设置 ID 为"head"，如图 1-79 所示。

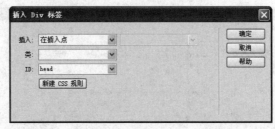

图 1-79　插入 head 层

在右边 CSS 样式面板选中 maincss，右键单击，弹出快捷菜单，选择"新建"命令。在"选择器类型"下选择 ID(仅应用于一个 HTML 元素)，在"选择器名称"中输入"head"，在"规则定义"下选择 maincss 文件。具体如图 1-80 所示。

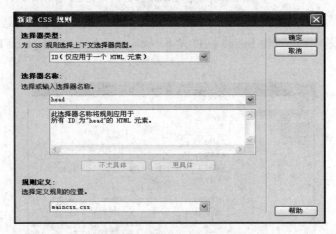

图 1-80　新建 CSSmaincss 图

在"方框"类中，将 Width 设置为 993 px，Height 设置为 223 px，如图 1-81 所示。

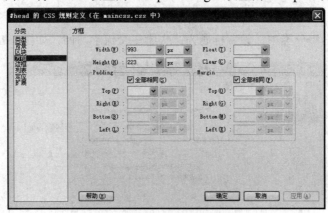

图 1-81　设置 #head 方框分类

在背景类中，将 Background-image 设置为 Image 文件夹下 main 文件夹中 banner(../Image/main/banner.jpg)，如图 1-82 所示。

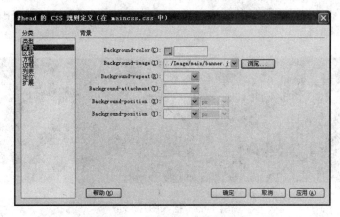

图 1-82　设置# head 背景分类

删除辅助文字：此处显示 id "container" 的内容、此处显示 id "head" 的内容，如图 1-83
所示。

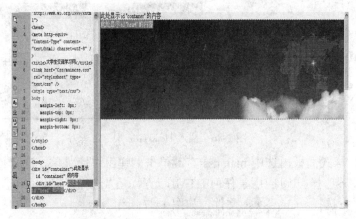

图 1-83　删除辅助文字

(4) 使用 Div + CSS 布局 logo 层。

在 head 层中，插入 logo 层，ID：logo。在 #logo 的 CSS 规则定义对话框中，"方框"
类下设置 width：70 px、Height：66 px；Padding 项中，设置 Top：34 px，Left：36 px；设
置 Float 为 left，使其脱离文档流。具体如图 1-84 所示。

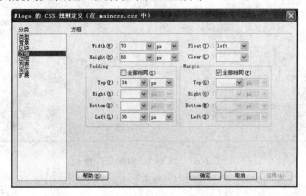

图 1-84　布局 logo 层

选中"插入"→"图像"命令，插入 Image 文件夹下 main 文件夹中图片 logo，如图 1-85 所示。

图 1-85 插入图片 logo

（5）使用 Div + CSS 布局 HeadTitle 层。

div 标签以<div>开始，以</div>结束。在代码视图中将鼠标置于 head 层内，logo 层后，插入类名为 HeadTitle 的层。并在层中输入文字：大学生学习交流网。具体如图 1-86 所示。

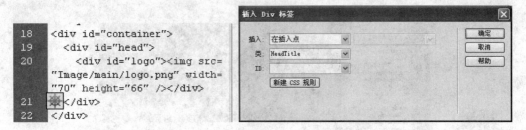

图 1-86 插入 HeadTitle 层

在右边 CSS 样式面板内选中 maincss 右键单击，弹出快捷菜单，选择"新建"命令。在"选择器类型"下选择类(可应用于任何 HTML 元素)，在"选择器名称"中输入"HeadTitle"，在"规则定义"下选择 maincss.css 文件，如图 1-87 所示。

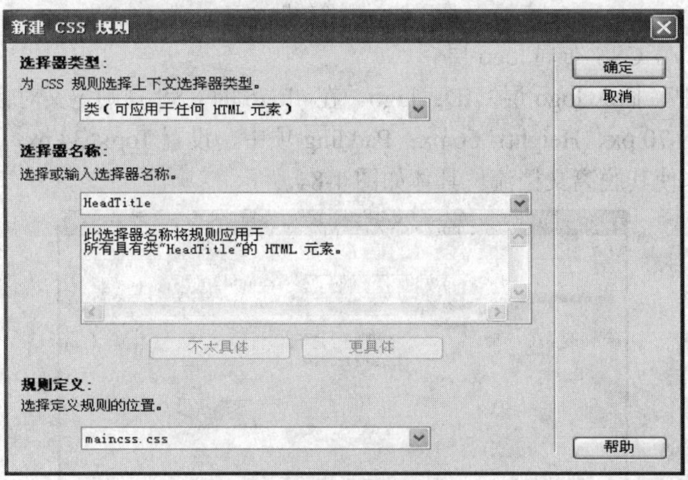

图 1-87 新建 CSSHeadTitle

在 CSS 规则定义对话框中，"类型"分类下，Font-family 中选择"编辑字体列表"，如图 1-88 所示。

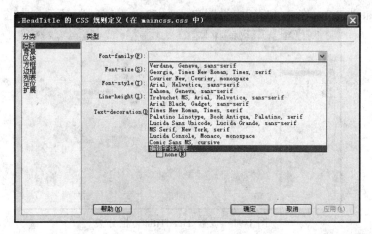

图 1-88　编辑字体

从可用字体中将"华文中宋"选择到左边，单击确定。在 Font-family 下拉列表中便会增加字体"华文中宋"。选择该字体，如图 1-89 所示。

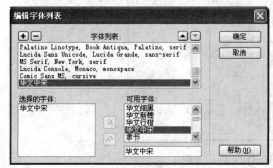

图 1-89　编辑字体列表

设置 Font-size 为 33 px，color 为白色(#FFF)，如图 1-90 所示。

图 1-90　设置 Font

设置 Float 为 left，在 Padding 中设置 Top 为 52 px，Left 为 18 px，如图 1-91 所示。

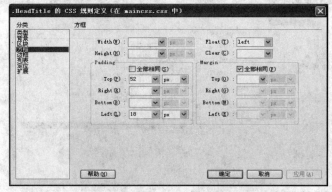

图 1-91　设置 .HeadTitle 方框分类

在区块分类中，设置 Letter-spacing 为 8 px，如图 1-92 所示。

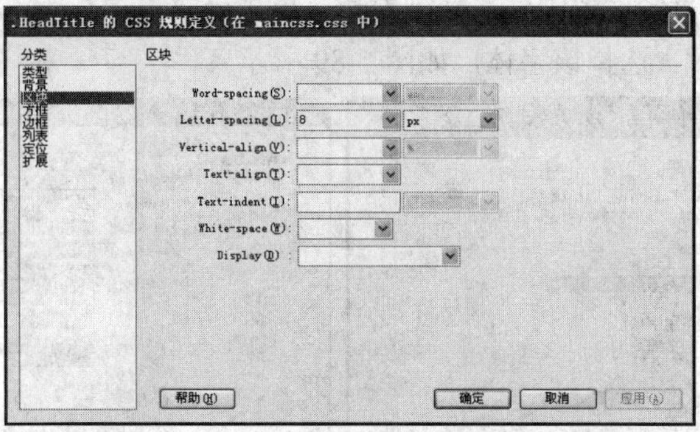

图 1-92　设置 .HeadTitle 区块分类

单击"确定"得到效果图，如图 1-93 所示。

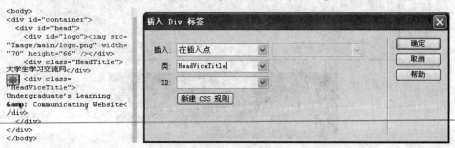

图 1-93　效果

(6) 使用 Div + CSS 布局 HeadViceTitle 层。

在代码视图中将鼠标置于 head 层内，HeadTitle 层后，插入类名为 HeadViceTitle 的层，并在层中输入文字：Undergraduate's Learning & Communicating Website，如图 1-94 所示。

图 1-94　插入 HeadViceTitle 层

在右边 CSS 样式面板内选中 maincss 右键单击，弹出快捷菜单，选择"新建"命令。在"选择器类型"下选择类(可应用于任何 HTML 元素)，在"选择器名称"中输入"HeadViceTitle"，在"规则定义"下选择 maincss.css 文件。

在类型分类中，设置 Font-family 为"Times New Roman，Times，serif"，设置 Font-size 为 18 px，color 为白色(#FFF)，如图 1-95 所示。

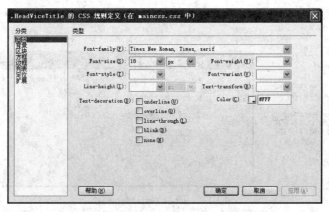

图 1-95 设置 .HeadViceTitle 类型分类图

在"方框"分类中，设置 Width 为 400 px，Height 为 25 px，Float 为 none；在 Padding 中设置 Top 为 115 px，Left 为 230 px。具体如图 1-96 所示。

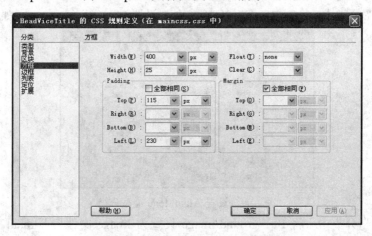

图 1-96 设置 .HeadViceTitle 方框分类

单击"确定"得到效果图，如图 1-97 所示。

图 1-97 效果

(7) 使用 Div + Css 布局 MainMenu 层。

在代码视图中将鼠标置于 head 层内，HeadViceTitle 层后，插入类名为 MainMenu 的层，并在层中输入文字：首 页｜校园概况｜校园写真｜若有所思｜笑一笑｜平面作品｜动画作品｜视频作品｜友情链接，如图 1-98 所示。

```
<body>
<div id="container">
  <div id="head">
    <div id="logo"><img src=
"Image/main/logo.png" width=
"70" height="66" /></div>
    <div class="HeadTitle">
大学生学习交流网</div>
    <div class=
"HeadViceTitle">
Undergraduate's Learning
&amp; Communicating Website
</div>
    <div class="MainMenu">首
  页 ｜ 校园概况 ｜ 校园写真
 ｜ 若有所思 ｜ 笑一笑 ｜ 平面
作品 ｜ 动画作品 ｜ 视频作品 ｜
友情链接</div>
  </div>
</div>
</body>
```

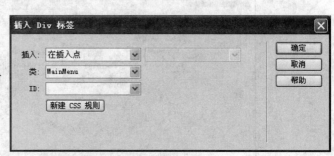

图 1-98　插入 MainMenu 层

在右边 CSS 样式面板内选中 maincss 右键单击，弹出快捷菜单，选择"新建"命令。在"选择器类型"下选择类(可应用于任何 HTML 元素)，在"选择器名称"中输入"MainMenu"，在"规则定义"下选择 maincss.css 文件。

在"类型"分类中，设置 Font-family 为宋体，设置 Font-size 为 14 px，如图 1-99 所示。

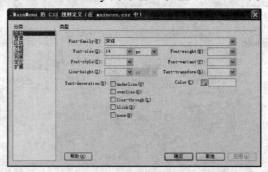

图 1-99　设置 .MainMenu 类型分类

在"背景"分类中，将 Background-image 设置为 Image 文件夹下 main 文件夹中图片 head01(../Image/main/head01.png)。如图 1-100 所示。

图 1-100　设置 .MainMenu 背景分类

在"方框"分类中，设置 Width 为 803 px，Height 为 16 px，Float 为 left；在 Padding 中设置 Top 为 12 px，Left 为 12 px；在 Margin 中设置 Top 为 35 px，Left 为 170 px。具体如图 1-101 所示。

图 1-101 设置 .MainMenu 方框分类

将输入法设置成全角状态 ，在文字首页前输入适当空格，如图 1-102 所示。

图 1-102 输入适当空格

按 F12 键浏览网页，得到首页头部 Banner 与导航条浏览效果，如图 1-103 所示。

图 1-103 首页头部 Banner 与导航条浏览效果

1.9 模块网页的创建

在建立的"大学生学习交流网"上需要有首页，本节将介绍如何设计首页。

1.9.1 首页制作

【例1.4】 制作首页。

(1) 切图。

启动 Fireworks，选择"文件"→"打开"命令，选择使用 Photoshop 处理好的"首页空白"效果图。使用切片工具，将首页中下部各图切出(若切片大小不合适，可使用部分选取工具调整)，分别右键单击选择"导出所选切片"，分别取名 middle01-middle07 和 footer，如图 1-104 所示。

图 1-104　切图首页

将导出图片放入站点 Image 文件夹下 main 文件夹中，如图 1-105 所示。

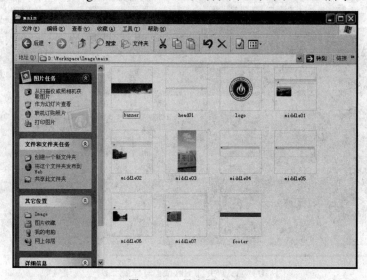

图 1-105　导出图片

启动 Dreamweaver CS5，打开"main_head.html"，执行"文件"→"另存为"命令，将文件另存为 main.html，如图 1-106 所示。

在代码视图中将鼠标置于 container 层内，head 层后，插入类名为 Middle 的层。定义同名 CSS，在"方框"分类中，设置 Width 为 993 px，Height 为 810 px。

图 1-106　另存为 main.html

（2）布局校园概况栏。

① 在 Middle 层中插入类名为 Middle01 的层。定义同名 CSS，在"方框"分类中，设置 Width 为 497 px，Height 为 227 px，Float 为 left；在"背景"分类中，设置 Background-image 为 Image 下 main 中 middle01 图片（../Image/main/middle01.jpg），如图 1-107 所示。

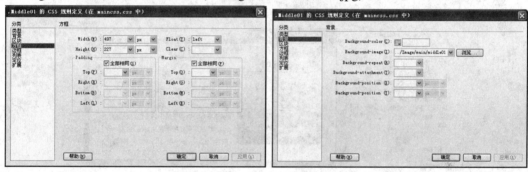

图 1-107　插入 Middle01 层

② 在 Middle01 层中插入类名为 Middle01_01 的层，输入文字"校园概况"。定义同名 CSS，在"方框"分类中，设置 Width 为 300 px，Height 为 28 px；设置 Margin 项 Top 为 26 px，Left 为 80 px。在"类型"分类中，设置 Font-family 为黑体，设置 Font-size 为 14 px，Line-height 为 1.8multiple（倍行高）。具体如图 1-108 所示。

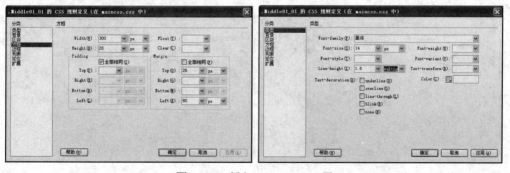

图 1-108　插入 Middle01_01 层

③ 在 Middle01 层中，Middle01_01 层后插入类名为 Middle01_02 的层。输入以下文字：这是一所以经济学、管理学学科为主体，法学、文学、理学、工学、教育学等多学科协调发展的综合性财经类大学。学校现有在校本科生 25 000 余人，研究生 1000 人⋯⋯[详细]。

在"方框"分类中，设置 Width 为 250 px，Height 为 120 px，Float 为 left；设置 Padding 项 Top 为 10 px，Bottom 为 10 px；设置 Margin 项 Top 为 16 px，Left 为 220x。在"类型"分类中，设置 font-family 为宋体，设置 Font-size 为 14 px，Line-height 为 1.8multiple。具体如图 1-109 所示。

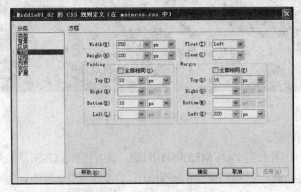

图 1-109　插入 Middle01_02 层

单击"确定"得到效果，如图 1-110 所示。

图 1-110　布局校园概况栏效果

(3) 布局若有所思栏。

在 Middle 层后插入类名为 Middle02 的层。定义同名 CSS，在"方框"分类中，设置 Width 为 496 px，Height 为 227 px，Float 为 left；在"背景"分类中，设置 Background-image 为 Image 下 main 中 middle02 图片(../Image/main/middle02.jpg)。具体如图 1-111 所示。

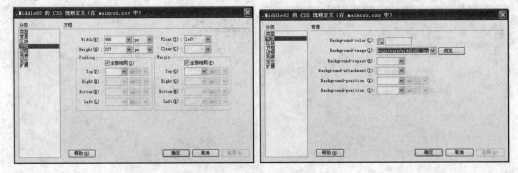

图 1-111　插入 Middle02 层

将校园概况栏中 Middle01_01 层和 Middle01_02 层，复制进 Middle02 中。更改 Middle01_01 层文字为"若有所思"。更改 Middle01_02 层文字为：有个老人爱清静，可附近常有小孩玩，吵得他要命，于是他把小孩召集过来，说：我这很冷清，谢谢你们让这更热闹，说完每人发三颗糖。孩子们很开心，天天来玩。几天后……　[详细]。具体如图 1-112 所示。

图 1-112　插入 Middle01_01 层和 Middle01_02 层

(4) 布局图片栏。

在 Middle 层中 Middle02 后，插入类名为 Middle03 的层。定义同名 CSS，在"方框"分类中，设置 Width 为 205 px，Height 为 384 px，Float 为 left；在"背景"分类中，设置 Background-image 为 Image 下 main 中 middle03 图片(../Image/main/middle03.jpg)。具体如图 1-113 所示。

图 1-113　布局图片栏

(5) 布局校园写真栏。

在 Middle 层中 Middle03 后，插入类名为 Middle04 的层。定义同名 CSS，在"方框"分类中，设置 Width 为 788 px，Height 为 189 px，Float 为 left；在"背景"分类中，设置 Background-image 为 Image 下 main 中 middle04 图片(../Image/main/middle04.jpg)。具体如图 1-114 所示。

图 1-114　插入 Middle04 层

在 Middle04 层中插入类名为 Middle04_01 的层。输入文字"校园写真"。定义同名 CSS在"方框"分类中，设置 Width 为 300 px，Height 为 26 px；设置 Margin 项 Top 为 12 px，

Left 为 60 px。在"类型"分类中，设置 Font-family 为黑体，设置 Font-size 为 14 px，Line-height 为 1.8multiple。

　　在 Middle04 层内，Middle04_01 层后，插入类名为 Middle04_02 的层。定义同名 CSS 在"方框"分类中，设置 Width 为 720 px，Height 为 128 px，Float 为 left；设置 Margin 项 Top 为 12 px，Left 为 22 px。在"类型"分类中，设置 Font-family 为宋体，设置 Font-size 为 14 px，Line-height 为 1.8multiple。

　　如图 1-115 所示为插入 Middle 04_01 层和 Middleo4_02 层实例图。

图 1-115　插入 Middle04_01 层和 Middle04_02 层

　　将素材 00 首页文件夹中文件夹 02 拷贝至站点 Image 文件夹下 main 文件夹中 (Workspace\Image\main\)，如图 1-116 所示。

图 1-116　素材拷贝

　　选择"插入"→"图像"命令，将图片 01 插入 Middle04_02 的层，在图片 01 后输入 一个空格，然后依次将 02、03、04 插入该层，如图 1-117 所示。

图 1-117　插入图片

　　(6) 布局平面作品栏。

　　在 Middle 层中 Middle04 后，插入类名为 Middle05 的层。定义同名 CSS，在"方框" 分类中，设置 Width 为 788 px，Height 为 195 px，Float 为 left，如图 1-118 所示；在"背景"

分类中，设置 Background-image 为 Image 下 main 中 middle05 图片(../Image/main/ middle 05.jpg)。

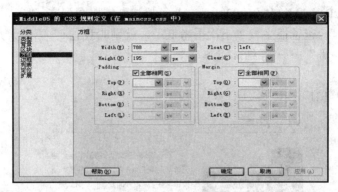

图 1-118　插入 Middle05

将校园写真栏中 Middle04_01 层和 Middle04_02 层，复制进 Middle05 中。更改 Middle04_01 层文字为"平面作品"。

将素材 00 首页文件夹中文件夹 05 拷贝至站点 Image 文件夹下 main 文件夹中 (Workspace\Image\main\)，如图 1-119 所示。

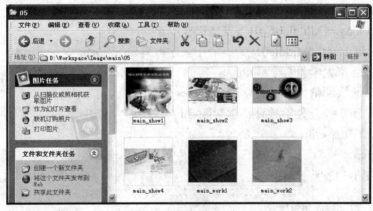

图 1-119　素材拷贝

选择"插入"→"图像"命令，将图片 main_show1 插入 Middle04_02 的层。在图片 main_show1 后输入一个空格，然后依次将图片 main_show2、main_show3、main_show4 插入该层，如图 1-120 所示。

图 1-120　插入图片

(7) 布局笑一笑栏。

按照同样的方法可以布局笑一笑栏，其代码为：

```
<div class="Middle06">
    <div class="Middle06_01">笑一笑</div>
    <div class="Middle01_02">        儿子战战兢兢地回到家："爸，今天考试只得了
60 分"。爸爸很生气"下次再考低了，就别叫我爸！"第二天儿子回来了："对
不起，哥"……[详细]</div>
</div>
```

效果图如图 1-121 所示。

图 1-121 布局笑一笑栏

(8) 布局友情链接栏。

友情链接栏代码为：

```
<div class="Middle07">
    <div class="Middle06_01">友情链接</div>
        <div class="Middle01_02">清华大学教育研究院<br />
            北京大学教育学院<br />
            北京师范大学教育学院部<br />
            华东师范大学教育科学学院<br />
            [详细]</div>
</div>
```

效果图如图 1-122 所示。

图 1-122 布局友情链接栏

(9) 布局版权所有栏。

在 container 层中 Middle 后，插入类名为 Footer 的层。定义同名 CSS，在"方框"分类中，设置 Width 为 993 px，Height 为 95 px；在"背景"分类中，设置 Background-image 为 Image 下 main 中 footer 图片(../Image/main/footer.jpg)。

在 Footer 层中插入类名为 Footer01 的层。定义同名 CSS，在"方框"分类中，设置

Width 为 800 px，Height 为 60 px，Float 为 left；设置 Margin 项 Top 为 20 px，Left 为 100 px。在"类型"分类中，设置 font-family 为宋体，设置 Font-size 为 14 px，Line-height 为 1.3multiple，Color 为白色。具体如图 1-123 所示。

图 1-123　插入 Footer01 层

在 Footer01 层中输入以下文字：

联系方式：Email：abcde@163.com

黔 ICP 备 1234567 号　百度

All Rights Reserved

效果图如图 1-124 所示。

图 1-124　版权所有栏效果

按 F12 键浏览网页，得到首页完整浏览效果，如图 1-125 所示。

图 1-125　首页完整浏览效果

1.9.2　校园概况页制作

【例 1.5】　制作校园概况。

打开网页 main_head.html，选择"文件"→"另存为"命令，将页面命名为 xygk.html，保存到站点根目录下。

在 container 层内, head 层后, 插入类名为 xykg 的层。定义同名 CSS, 在"方框"分类中, 设置 Width 为 993 px, Height 为 auto; 在"背景"分类中, 设置 Background-color 为白色, 如图 1-126 所示。删除辅助文字。

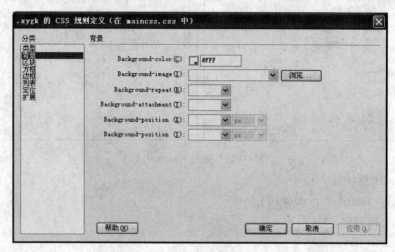

图 1-126　定义 CSS xykg

将光标置于 xykg 层内, 选择"插入"→"表格"命令, 弹出表格对话框, 设置行数为 2, 列数为 1, 表格宽度为 993 像素, 边框粗细为 0, 单元格边距为 0, 单元格间距为 0, 单击"确定"按钮, 如图 1-127 所示。

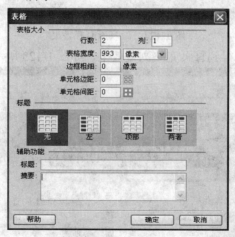

图 1-127　插入表格

选中第一个单元格, 在属性面板中设置背景颜色为浅灰色"#CCCCCC", 水平对齐方式为居中对齐, 如图 1-128 所示。

图 1-128　设置第一个单元格

选中第二个单元格，在属性面板中设置背景颜色为白色 "#FFFFFF"，水平对齐方式为居中对齐。

将光标置于表格第 1 行位置，选择 "插入" → "表格" 命令，设置行数为 1，列数为 2，表格宽度为 890 像素，边框粗细为 0，单元格边距为 0，单元格间距为 0，单击 "确定" 按钮。

将光标置于表格中线上，出现双向箭头光标，调整表格宽度到适当大小(左边单元格窄，右边单元格宽)，在左边单元格输入 "当前位置"，右边单元格输入 "首页>>校园概况"，水平对齐方式为左对齐，如图 1-129 所示。

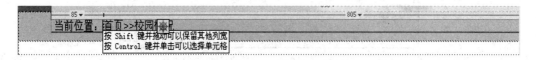

图 1-129　设置当前位置

将光标置于表格第 2 行，选择 "插入" → "表格" 命令，设置行数为 1，列数为 3，表格宽度为 890 像素，边框粗细为 0，单元格边距为 0，单元格间距为 0，单击 "确定" 按钮，如图 1-130 所示。

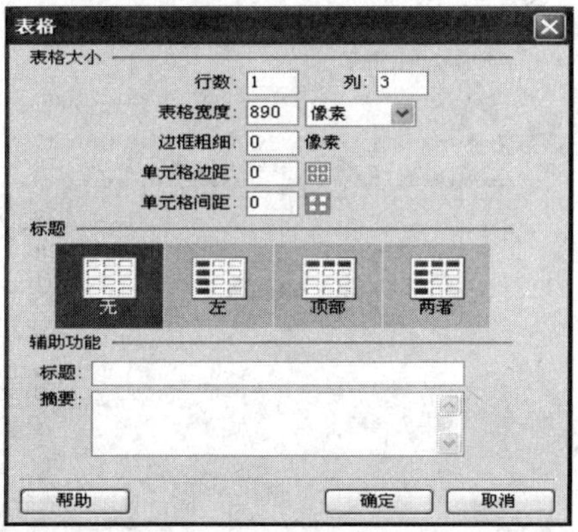

图 1-130　插入表格

在属性面板中设置对齐为居中对齐，然后将光标置于边框上，调整各列宽度，使得中间单元格较宽，两边单元格较窄，如图 1-131 所示。

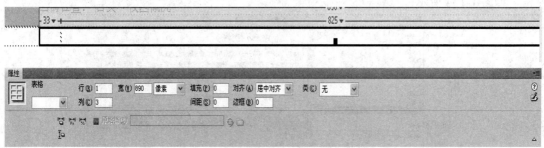

图 1-131　调整表格

将素材中 01 校园概况文件下 "校园概况.doc"，中文字复制粘贴到中间单元格。在 CSS 样式面板中，选中 maincss.css，右键单击新建 xygkContent 类，如图 1-132 所示。

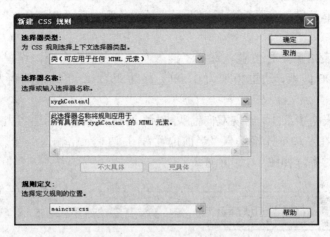

图 1-132　新建 CSSxygkContent

在"类型"分类中，设置 Font-family 为宋体，Font-size 为 14 px，Line-height 为 1.8multiple，如图 1-133 所示。

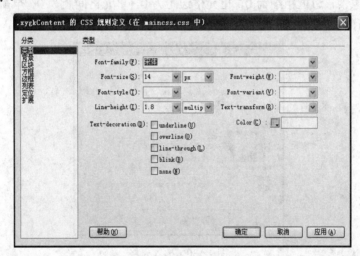

图 1-133　设置.xygkContent

选中文字，在属性面板中对文字应用 xygkContent 样式，然后在各段段前输入 2 个空格，如图 1-134 所示。

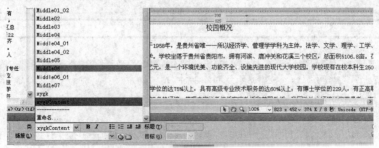

图 1-134　应用 xygkContent

将素材中 01 校园概况文件夹中图片复制到站点 Image 文件夹中，新建 01xygk 文件夹放于其中，如图 1-135 所示。

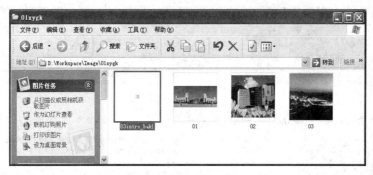

图 1-135　复制素材

将光标置于第二段前，选择"插入"→"图像"命令，插入图片 01，如图 1-136 所示。

图 1-136　插入图片 01

适当缩小图片，设置对齐方式为左对齐，垂直边距为 10，水平边距为 10，如图 1-137 所示。

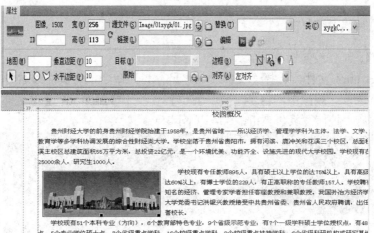

图 1-137　设置图片

在第四段前，选择"插入"→"图像"命令，插入图片 02。设置对齐方式为右对齐，边框为 1，垂直边距为 10，水平边距为 10，如图 1-138 所示。

图 1-138　插入图片 02

打开 main.html 文件，将底部 Footer 层复制粘贴入 container 层尾端，如图 1-139 所示。

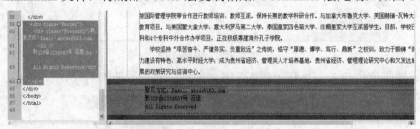

图 1-139　复制 Footer 层

按 F12 键浏览网页，得到校园概况页完整浏览效果，如图 1-140 所示。

图 1-140　校园概况页完整浏览效果

1.9.3　校园写真页制作

【例 1.6】　制作校园写真页。

打开 xygk.html 文件，选择"文件"→"另存为"命令，将页面命名为 xyxz.html，保存到站点根目录下。删除中间内容，将当前位置修改为校园写真。在表格内按回车键插入一行，写入标题"校园写真"，如图 1-141 所示。

图 1-141　另存 xyxz.html

将素材 02 校园写真文件夹复制到站点 Image 下，改名为 02xyxz，如图 1-142 所示。

图 1-142　素材复制

选择"插入"→"表格"命令，设置行数为 2，列数为 4，表格宽度为 95%，边框粗细为 0，单元格边距为 0，单元格间距为 0，单击"确定"按钮。如图 1-143 所示。

图 1-143　插入表格

选中表格外围单元格，设置水平对齐方式为居中对齐，垂直对齐方式为居中，如图 1-144 所示。

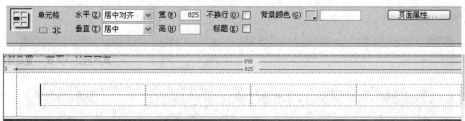

图 1-144　设置表格

选择"插入"→"图像"命令，依次将图片 01—04 插入到第 1 行 4 个单元格内，并适当调整图片大小，如图 1-145 所示。

图 1-145　插入图片

选择该表格的 8 个单元格，在属性面板中设置水平对齐方式为居中对齐，垂直对齐方式为居中，如图 1-146 所示。

图 1-146　设置单元格

将剩余图片 05—08 依次放入第 2 行 4 个单元格中，适当调整图片大小，并将表格适当拉长，如图 1-147 所示。

图 1-147　插入图片

按 F12 键浏览网页，得到校园写真页完整浏览效果，如图 1-148 所示。

图 1-148　校园写真页完整浏览效果

1.10　多媒体网页的创建

　　网页中可以包含各种对象，而多媒体是最耀眼的部分之一。目前，多媒体在网页中的应用越来越广泛，任意打开一个网页，一般都可以发现多媒体元素的存在，例如网页中的Flash 动画、背景音乐、动态按钮、视频点播等。

1.10.1　插入动画制作

　　在网页中插入 Flash 动画，一般是按照网页设计的需要先使用 Flash 软件制作好动画，然后将其插入到网页中的指定位置。

　　【例 1.7】　若有所思网页制作。

　　打开 xygk.html，选择"文件"→"另存为"命令，将页面命名为 ryss.html，保存到站点根目录下。删除中间内容，将当前位置修改为若有所思。在表格内按回车键插入一行，写入标题：若有所思。如图 1-149 所示示意图。

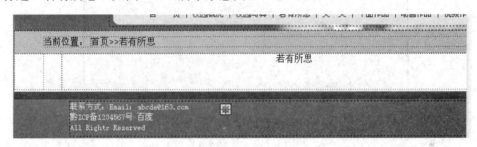

图 1-149　另存 ryss.html

将素材 03 若有所思文件夹复制到站点 Image 下，改名为 03ryss，如图 1-150 所示。

图 1-150　素材复制

　　在标题"若有所思"下，选择"插入"→"布局对象"→"Div 标签"，插入类名为 ryss的层。在右边 CSS 样式面板内选中 maincss 右键单击，弹出快捷菜单，选择"新建"命令。在选择器类型下选择类(可应用于任何 HTML 元素)，在选择器名称中输入"ryss"，在规则定义下选择 maincss.css 文件，如图 1-151 所示。

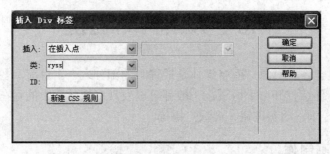

图 1-151　插入 ryss 层

在"背景"分类中设置 Background-image 为 Image 文件下 03ryss 文件夹中 coffee 图片 (../Image/03ryss/coffee.jpg)，如图 1-152 所示。

图 1-152　背景设置

在"方框"分类中设置 Width 为 680 px、Height 为 385 px，Margin 项 Top 为 auto，勾选全部相同，如图 1-153 所示。

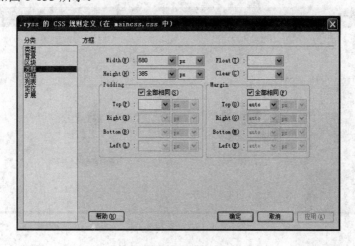

图 1-153　设置.ryss

在 ryss 层中，选择"插入"→"媒体"→"SWF"命令。在弹出的选择 SWF 对话框中选择 03ryss 下 effect(Image/03ryss/effect.swf)，如图 1-154 所示。

图 1-154　插入 SWF

适当调整位置，在属性面板中设置宽为 677，高为 132，Wmode 为透明，如图 1-155 所示。

图 1-155　调整 Wmode

按 F12 键浏览网页，右键单击选择允许阻止内容，得到若有所思页完整浏览效果，如图 1-156 所示。

图 1-156　若有所思页完整浏览效果

1.10.2　插入音频

【例 1.8】　笑一笑网页制作。

打开 xygk.html，选择"文件"→"另存为"命令，将页面命名为 xyx.html，保存到站点根目录下。删除中间内容，将当前位置修改为"笑一笑"。在表格内按回车键插入一行，写入标题：笑一笑。

将素材 04 笑一笑文件夹复制到站点 Image 下，改名为 04xyx，如图 1-157 所示。

图 1-157　素材复制

将素材 04 笑一笑文件夹中"看一看，笑一笑.doc"中内容复制粘贴，适当排版，如图 1-158 所示。

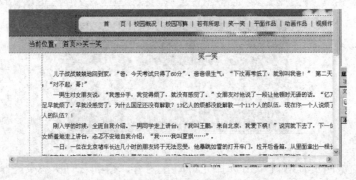

图 1-158　设置文本

在标题笑一笑下，选择"插入"→"媒体"→"插件"命令，打开"选择文件"对话框，选择"刘若英_后来.mp3"(Workspace\Image\04xyx\刘若英_后来.mp3)。单击确定完成音乐插入，如图 1-159 所示。

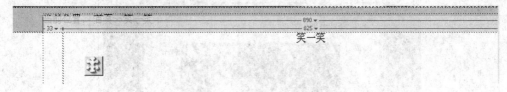

图 1-159　插入音乐

插入音乐后，会显示插件图标，选择该插件，在属性面板中设置音乐播放器的尺寸，宽为 300，高为 44，然后根据实际显示效果继续调整数值，如图 1-160 所示。

图 1-160　设置属性

按 F12 键浏览网页，右键单击选择允许阻止内容，得到笑一笑页完整浏览效果，如图 1-161 所示。

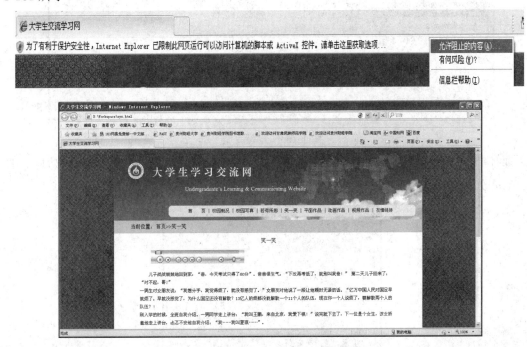

图 1-161　笑一笑页完整浏览效果

如果想添加背景音乐，不在网页中显示播放器也是可以的。只需要将需要添加音乐的页面切换到"代码"视图，在<body>代码后输入以下代码：

　　　　　<bgsound src="Image/04xyx/刘若英_后来.mp3" loop="-1">

该句确定了背景音乐所在的位置和音乐的循环播放，见页面 xyx01.html，如图 1-162 所示。

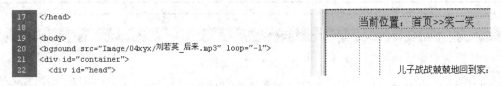

图 1-162　添加背景音乐

1.10.3　插入视频

打开 xygk.html，选择"文件"→"另存为"命令，将页面命名为 spzp.html，保存到站点根目录下。删除中间内容，将当前位置修改为视频作品。在表格内按回车键插入一行，写入标题：视频作品。

　　将素材 07 视频作品文件夹复制到站点 Image 下，改名为 07spzp，如图 1-163 所示。

图 1-163　素材复制

　　选择"插入"→"表格"命令，设置行数为 1，列数为 1，表格宽度为 90%，边框粗细为 0，单元格边距为 0，单元格间距为 0，单击确定按钮，如图 1-164 所示。

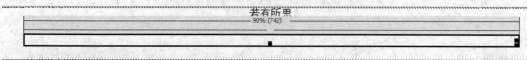

图 1-164　插入表格

　　选中表格外围单元格，设置水平对齐方式为居中对齐，垂直对齐方式为居中。选中表格单元格，设置水平对齐方式为居中对齐，垂直对齐方式为居中。

　　选择"插入"→"媒体"→"插件"命令，打开"选择文件"对话框，选择"江美琪_亲爱的你怎么不在身边.wmv"(Workspace\Image\07spzp\江美琪_亲爱的你怎么不在身边.wmv)，单击确定完成视频插入，如图 1-165 所示。

插入视频后，会显示插件图标，选择该插件，在属性面板中设置播放器的尺寸，宽为517，高为385，亦可自行调整，如图 1-166 所示。

图 1-165　插入视频

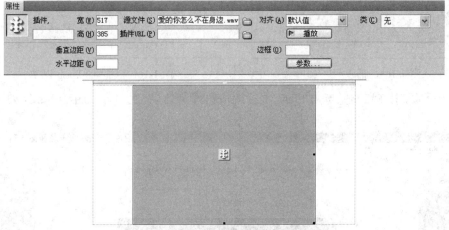

图 1-166　设置视频

按 F12 键浏览网页，右键单击选择允许阻止内容，得到视频作品页完整浏览效果，如图 1-167 所示。

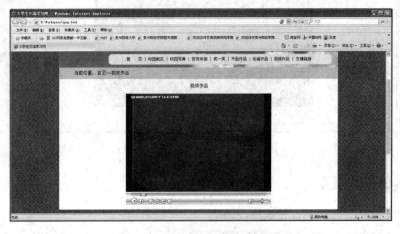

图 1-167　视频作品页完整浏览效果

若要插入 Flash 视频，选择"插入"→"媒体"→"Flv"命令，弹出插入 Flv 对话框，在其中设置 URL 地址为"Image/07spzp/张靓颖_画心.flv"，宽度 600，高度 450，如图 1-168 所示。

单击确定将 Flash 视频插入到网页中，如图 1-169 所示。

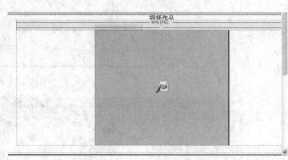

图 1-168 插入 Flv   图 1-169 插入的 Flash 视频

保存网页，按 F12 键，点击 Flash 上播放按钮预览效果。见页面 spzp01.html，如图 1-170 所示。

图 1-170 插入 Flash 视频效果

1.10.4 其他模块页面制作

使用相似的方法可以得到其他模块网页。

平面作品页面 pmzp.html，如图 1-171 所示。

图 1-171　平面作品页面浏览效果

动画作品页面 dhzp.html，如图 1-172 所示。

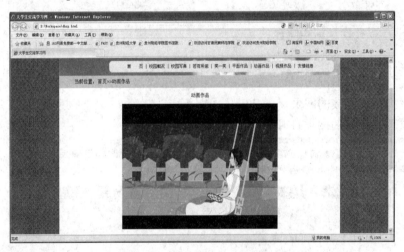

图 1-172　动画作品页面浏览效果

友情链接页面 yqlj.html，如图 1-173 所示。

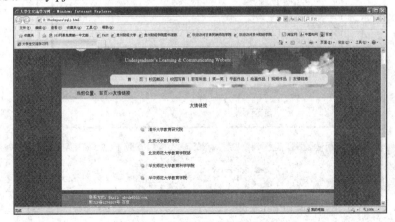

图 1-173　友情链接页面浏览效果

1.11　网页链接的创建

为了把网上众多分散的网站和网页联系起来，构成一个有机的整体，需要在网页上加入链接。超链接是网页的魅力所在，通过单击网页上的链接，人们可以在信息海洋中尽情遨游。

1.11.1　文字超链接的创建

打开网站首页 main.html，选中需要添加超链接的文字，如"校园概况"，在属性面板中设置链接栏和目标栏。其中链接栏指点击后需要打开的网页，目标栏指以什么方式打开，比如替换原来的窗口(_self)、在新打开窗口中打开(_blank)。如图 1-174 所示为实例图。

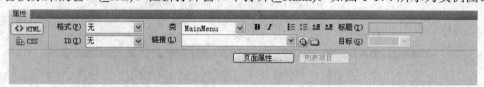

图 1-174　文字超链接

选中文字"校园概况"，单击属性窗口链接项后"浏览文件"按钮，弹出"选择文件"对话框，找到需要链接的网页 xygk.html，单击确定。在目标栏下拉列表中选择_self，这样链接的网页替换当前的网页打开，如图 1-175 所示。

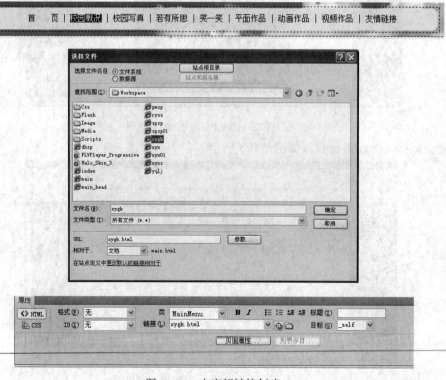

图 1-175　文字超链接创建

使用同样的方法，给导航栏上所有文字都添加超链接，如图 1-176 所示。

图 1-176　添加其他文字超链接

按 F12 键预览效果，如图 1-177 所示。

图 1-177　文字超链接创建预览效果

1.11.2　图片超链接的创建

图片超链接是一种十分常见的超链接形式，单击某种照片可以链接到某个网页。选择校园写真下第 1 张图片，如图 1-178 所示。

图 1-178　选择图片

在属性面板中单击链接后面的浏览文件按钮，在弹出的对话框中选择 xyxz.html，单击确定。在目标栏下拉列表中选择_blank 选项，这样单击链接后，将在新打开的窗口中打开链接的网页，如图 1-179 所示。

图 1-179　图片超链接创建

按 F12 键预览效果，如图 1-180 所示。

图 1-180　图片超链接创建预览效果

1.11.3　图片热区链接的创建

在前面已经制作完成了网站导入页，但是图片热区链接还未完成，所谓"图片热区链接"就是指图片中的某些区域具有链接响应，而不是整个图片。

打开导入页 index.html，单击导入页中间的图片，在属性面板中，选择"矩形热点工具"，如图 1-181 所示。

图 1-181　矩形热点工具

将鼠标移动到图片上，这时指针为十字形，在图形上绘制出矩形区域，绘制出的区域为能够响应超链接的区域，所以不妨考虑一下区域多大比较合适。通过指针热点工具可以更改区域的大小和位置，如图 1-182 所示。

图 1-182　绘制矩形区域

在属性面板设置链接文件为网站首页 main.html，目标为_self，如图 1-183 所示。

图 1-183　设置属性

按 F12 键预览效果，如图 1-184 所示。

图 1-184　图片热区链接创建预览效果

1.11.4　电子邮件链接的创建

在某些网页中，当访问者单击某个链接后，会自动打开电子邮件的客户端软件(如 Outlook)，向某个特定的 Email 地址发送邮件，就是电子邮件链接。

打开网页 main.html(根目录下)，选择网页底部的文字 abcde@163.com，在属性面板中设置"链接"属性为"mailto: abcde@163.com"即可，如图 1-185 所示。

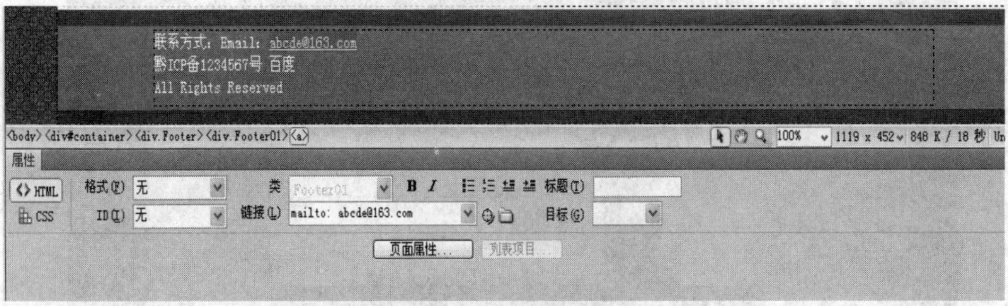

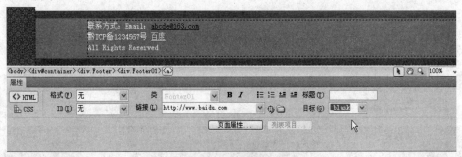

图 1-185　电子邮件链接创建

1.11.5　外部链接的创建

网页中经常有"友情链接"部分，单击链接文字，可以链接到该网页上。单击某个超链接能够链接到其他网站的链接称之为外部链接。

在 main.html 网页底部有"百度"文字，选中文字"百度"，在属性面板中设置"链接属性"为 http://www.baidu.com，设置目标为"_blank"，当点击百度时会在新窗口中打开，如图 1-186 所示。

图 1-186　外部链接创建

按 F12 键预览效果，如图 1-187 所示。

图 1-187　外部链接创建预览效果

本 章 小 结

　　本章从网页设计的规划流程开始，主要讲解了网页站点的创建与管理，网页的布局和规划，以及如何在网页中插入动画、音频、视频等多媒体元素。最后重点介绍了网页链接的创建方法。通过本章的学习，学习者可以自行完成小型网站的设计和制作。

思 考 与 设 计

(1) 网站设计的流程有哪几个步骤？

(2) 站点的管理为什么很重要，要注意哪些问题？

(3) 网页布局的注意事项是什么？

(4) 谈谈多媒体网页的制作中文件格式的应用。

(5) 网页的链接要注意什么问题？

设计制作题

(1) 搜集网页制作素材，自行设计一个个人网站。

(2) 与同学合作，为学校或者班级的某个校园文化活动设计一个宣传网站。

第2章　多媒体技术基础

本章导读

内容提示：本章介绍多媒体技术的基本概念、应用领域以及发展趋势。

学习要求：掌握多媒体技术的基本概念，熟悉各种多媒体元素及其常见格式，了解多媒体技术的常见应用领域以及发展趋势。

2.1　多媒体技术的概念与特征

多媒体技术(Multimedia Technology)是计算机技术和社会需求的综合产物。在计算机发展的早期阶段，人们利用计算机从事军事和工业生产，所解决的全部是数值计算问题。随着计算机技术的发展，尤其是硬件设备的发展，人们开始用计算机表现和处理图形、图像，使计算机更形象逼真地反映自然事物和运算结果。

随着计算机软、硬件技术的进一步发展，计算机的处理能力越来越强，计算机的应用领域得到了进一步拓展，应用需求也大幅度增加，在很大程度上促进了多媒体技术的发展和完善。多媒体技术由当初的单一媒体形式逐渐发展到目前的动画、文字、声音、活动视频图像等多种媒体形式。

2.1.1　媒体的概念和类型

媒体(Medium)是信息表示和传播的载体。媒体在计算机领域有两种含义：一种是指媒质，即存储信息的实体，如磁盘、光盘、磁带、半导体存储器等；二是指传递信息的载体，如数字、文字、声音、图形和图像等。

国际电话与电报咨询委员会(CCITT)将媒体作了如下分类：

(1) 感觉媒体。感觉媒体(Perception Media)指能直接作用于人的感官，使人直接产生感觉的媒体，如人类的语言、音乐、声音、图形、图像。计算机系统中的文字、数据和文件等都是感觉媒体。

(2) 表示媒体。表示媒体(Representation Media)是为加工、处理和传输感觉媒体而人为研究、构造出来的一种媒体。其目的是更有效地加工、处理和传送感觉媒体。表示媒体包括各种编码方式，如语言编码、文本编码、图像编码等。

(3) 表现媒体。表现媒体(Presentation Media)是指感受媒体和用于通信的电信号之间转换的一类媒体。它又分为两种：一种是输入表现媒体，如键盘、摄像机、光笔、话筒等；另一种是输出表现媒体，如显示器、音箱、打印机等。

(4) 存储媒体。存储媒体(Storage Medium)是用来存放表示媒体，以方便计算机的处理、加工和调用。这类媒体主要是指与计算机相关的外部存储设备。

(5) 传输媒体。传输媒体是用来将媒体从一处传送到另一处的物理载体。传输媒体是通信中的信息载体，如双绞线、同轴电缆、光纤等。

在多媒体技术中所说的媒体一般指感觉媒体。感觉媒体通常又分为如下三种：

1. 视觉类媒体

视觉类媒体(Vision Media)包括图像、图形、符号、视频、动画等。

图像(Image)即位图图像(Bitmap)，它将所观察的景物按行列方式进行数字化，对图像的每一点都用一个数值表示，所有这些值就组成了位图图像。显示设备可以根据这些数字在不同的位置表示不同颜色来显示一幅图像。位图图像是所有视觉表示方法的基础。

图形(Graphics)是图像的抽象，它反映图像上的关键特征，如点、线、面等。图形的表示不直接描述图像的每一点，而是描述产生这些点的过程和方法。如用两个点表示直线，只要记录这两点的位置，就能画出这条直线。

符号(Symbol)包括文字和文本，主要是人类的各种语言。符号在计算机中用特定的数值表示，如 ASCII 码、中文国标码等。

视频(Video)又称动态图像，是一组图像按时间顺序的连续表现。视频的表示与图像序列、时间关系有关。

动画(Animation)是动态图像的一种，与视频不同之处在于，动画中的图像采用的是由计算机产生出来或人工绘制的图像或图形，而视频中的图像采用的是真实的图像。动画包括二维动画、三维动画等多种形式。

2. 听觉类媒体

听觉类媒体包括话音、音乐和音响。

话音(Speech)也叫语音，是人类为表达思想通过发音器官发出的声音，是人类语言的物理形式。音乐是符号化了的声音，比语音更规范。音响则指自然界除语音和音乐以外的声音，包括天空的惊雷、山林的狂风、大海的涛声等，也包括各种噪声。

3. 触觉类媒体

触觉类媒体通过直接或间接与人体接触，使人能感觉到对象位置、大小、方向、方位、质地等性质。计算机可以通过某种装置记录参与者(人或物)的动作及其他性质，也可以将模拟的自然界的物质通过一些事实上的电子、机械的装置表现出来。

2.1.2　多媒体技术的定义与特征

多媒体技术是指利用计算机对文字、图形、图像、声音、动画、视频等多种媒体信息进行综合处理、建立逻辑关系和人机交互作用的产物。多媒体技术是一种综合技术，它包括了信号处理技术、音频和视频技术、计算机硬件和软件技术、通信技术、图像压缩技术、人工智能和模式识别技术等。根据多媒体技术的定义，它有四个显著的特征，即集成性、实时性、数字化和交互性，这也是它区别于传统计算机系统的特征。

1. 集成性

集成性一方面是指媒体信息的集成，即文字、声音、图形、图像、视频等的集成。在众多信息中，每一种信息都有自己的特殊性，同时又具有共性，多媒体信息的集成处理把信息看成一个有机的整体，采用多种途径获取信息、统一格式存储信息、组织与合成信息，对信息进行集成化处理；另一方面是指显示或表现媒体设备的集成，即多媒体系统不仅包括计算机本身，而且包括像电视、音响、摄像机、DVD 播放机等设备，把不同功能、不同种类的设备集成在一起使其共同完成信息处理的工作。

2. 实时性

实时性指在多媒体系统中声音及活动的视频图像是强实时的(hard realtime)，多媒体系统需提供对这些与时间密切相关的媒体实时处理的能力。

3. 数字化

数字化指多媒体系统中的各种媒体信息都以数字形式存储在计算机中。

4. 交互性

人可以通过多媒体计算机系统对多媒体信息进行加工、处理并控制多媒体信息的输入、输出和播放。简单的交互对象是数据流，较复杂的交互对象是多样化的信息，如文字、图像、动画以及语言等。

2.1.3　多媒体主要组成元素

1. 文本

文本是使用得最多的一种符号媒体形式，是人和计算机交互作用的主要形式之一。文本文件可分为非格式化文本文件和格式化文本文件。非格式化文本文件是指只有文本信息而没有其他任何有关格式信息的文件，又称为纯文本文件，如.txt 文件。格式化文件是指带有各种文本排版信息等格式信息的文本文件，如.doc 文件。

将文本输入计算机主要使用键盘输入、手写输入、语音输入、扫描仪输入等方法。为了显示和打印文本，还需要字模库来存放字符的形状信息，如常见的宋体、黑体、楷体等字库。

普通非格式化文本文件(如.txt 文件)可通过 Windows 下附件中的"记事本"等软件进行编辑；普通格式化文本文件(如.doc 文件)，可利用 Microsoft Word 等软件进行编辑；效果各异的图形文字，可利用 Photoshop 等图形图像处理软件编辑；动态文字可采用 Ulead Cool 3D 等软件编辑。另外，利用 Windows 下附件中的"TrueType 造字程序"，自己可以编制各种字与字符。

2. 图形

图形(Graphic)也称矢量图，指用计算机绘制的画面，如直线、曲线、圆、矩形、不规则图形、图表等，它是一组描述点、线、面等几何图形的大小、形状及其位置、维数的指令集合。在图形文件中只记录生成图形的算法和图上的某些特征点，在显示图形时，相应的软件读取这些算法与特征点，并计算出组成图形的各个图元。

图形可分为二维图形和三维图形两类。二维图形就是平面图形，其变换是在二维空间中进行的。三维图形则是在三维空间中进行图形的显示和变换。常见的矢量图文件格式有 CDR(用于 CorelDRAW)、IA(用于 Illustrator)、DWG(用于 AutoCAD)、3DS(用于 3ds Max)等。

3. 图像

图像(Image)也称位图，通常是指由输入设备捕捉的实际场景画面，它由许多颜色不同、深浅不同的小圆点(像素)组成。

图像的数据量大小取决于图像的分辨率和颜色要求。分辨率分为屏幕分辨率和输出分辨率两种，前者用每英寸行数表示，数值越大图像质量越好，通常用"水平像素数 × 垂直像素数"来表示；后者衡量输出设备的精度，以每英寸的像素点数表示，通常使用"点/英寸(PPI)"来表示。图像中的每个像素在存储时使用的二进制位的长度决定了图像中能够出现的颜色种类。比如，黑白图像中每个像素只使用一个位来表示颜色，因此只有黑和白两种颜色；如果图像中的每个像素使用 8 位表示颜色，则可以表示黑、白以及它们之间的 254 种灰色，或者 256 种彩色，前者称为灰度图像，后者称为 256 色彩色图像；如果图像中的每个像素的颜色使用 24 位表示，则可以表示 1677 万种颜色，此时的图像称为真彩色图像。如，一幅分辨率为 1024 × 768 的真彩色的图像的数据量为 1024 × 768 × 24b = 2359296B = 2.25 MB。常见的图像文件格式有 BMP、JPEG、PNG、GIF、TIF、TGA、PCX 等。

4. 音频

能被人耳听见的波称为音频波，其震动频率在 20 Hz～20 kHz 之间。频率小于 20 Hz 的声波称为次声波，频率高于 20 kHz 的声波称为超声波，两者都不能被人耳所听见。数字音频是将模拟音频信号通过采样、量化和编码后获得的，它的质量好坏和数据量大小取决于采样频率、量化位数和声道数。一般而言，采样频率越高、量化位数越长、声道数越多，则音频质量越好，数据量也会越大。常见的音频格式文件有 WAVE、MP3、WMA、FLAC、APE 等。

5. 视频

视频是利用人眼的视觉残留现象，当多幅连续的画面以每秒钟 20 幅以上的速度在屏幕上播放，我们就会感觉画面是连续变化的，其中的每一幅画面我们称为一帧，画面播放的速度称为帧率，单位是帧/秒(fps)。电影的播放速度是 24 帧/秒，电视则根据视频标准不同，播放速度有 25 帧/秒(PAL 制式)和 30 帧/秒(NTSC 制式)两种。视频的帧率越高，画面感就会越流畅和稳定。

视频的每一帧就是一幅图像，由大量的像素点构成，每个像素点都需要若干二进制位来描述颜色信息，而一秒钟视频内就会有几十幅图像，因此数据量十分巨大。例如，分辨率为 640 × 480 的真彩色运动图像，以 25 帧/秒的速度播放，每秒钟的数据量为 25 × 640 × 480 × 24b = 23040000B = 21.97 MB。因此，在存储和传送视频前必须对其进行压缩。一般来说，视频中的相邻帧之间的图像变化不大，所以在对每一帧的图像进行压缩后，还可以去掉时间方向上的冗余信息，从而使视频的压缩率能够变大。MPEG 就是一种常用的视频压缩算法。计算机中常用的视频文件的存储格式有 AVI、MPEG、MOV、RM、

WMV 等。

6. 动画

计算机设计的动画有两种：帧动画和造型动画。帧动画是由一幅幅图画连续切换产生的，就如电影胶片或视频画面一样，要分别设计每一帧显示的画面，工作量大。造型动画是对每一个运动的物体分别进行设计，赋予每个动元一些特征，然后用这些动元构成完整的帧画面。动元的表演和行为是由制作表组成的脚本来控制的，通过实时"计算"来生成动画。根据维数的不同动画还可以分为二维动画和三维动画，前者仅具有二维透视效果，制作相对比较简单；后者具有三维立体真实的效果，要经过建模、渲染、场景设定、动画产生等制作步骤，较为复杂。常用的存储动画的文件格式有 SWF、GIF、FLI/FLC 等。

2.2　多媒体计算机系统

2.2.1　多媒体计算机系统组成

多媒体计算机技术是集电子技术、计算机技术、工程技术于一体，能够完成数据计算、信息以及图像、声音处理及控制的一项新技术。应用多媒体计算机可以表现一些在普通条件下无法完成或无法观察到的科学实验过程。多媒体计算机系统是指以通用或专用计算机为核心，以多媒体信息处理为主要任务的计算机系统。

多媒体计算机系统是对基本计算机系统的软、硬件功能的扩展，作为一个完整的多媒体计算机系统，它应该包括 5 个层次的结构，如图 2-1 所示。

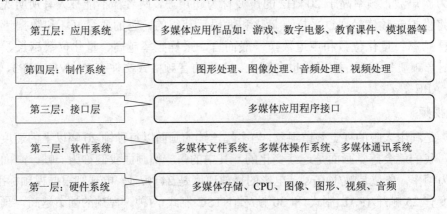

图 2-1　多媒体计算机系统层次结构图

第一层为多媒体计算机硬件系统。其主要任务是能够实时地综合处理文、图、声、像信息，实现全动态视像和立体声的处理，同时还需对多媒体信息进行实时的压缩与解压缩。

第二层是多媒体的软件系统。它主要包括多媒体操作系统、多媒体通信软件等部分。操作系统具有实时任务调度、多媒体数据转换和同步控制、多媒体设备的驱动和控制以及图形用户界面管理等功能。为支持计算机对文字、音频、视频等多媒体信息的处理，解决多媒体信息的时间同步问题，提供了多任务的环境。目前在微机上，操作系统主要是 Windows 视窗系统和用于苹果机(Apple)的 MAC OS。多媒体通信软件主要支持网络环境下的多媒体信息的传输、交互与控制。

第三层为多媒体应用程序接口(API)。这一层是为上一层提供软件接口，以便程序员在高层通过软件调用系统功能，并能在应用程序中控制多媒体硬件设备。为了能够让程序员方便地开发多媒体应用系统，Microsoft 公司推出了 DirectX 设计程序，提供了让程序员直接使用操作系统的多媒体程序库的界面，使 Windows 变为一个集声音、视频、图形和游戏于一体的综合平台。

第四层为多媒体制作工具及软件。它是在多媒体操作系统的支持下，利用图形和图像编辑软件、视频处理软件、音频处理软件等来编辑与制作多媒体节目素材，并在多媒体著作工具软件中集成的。多媒体著作工具的设计目标是缩短多媒体应用软件的制作开发周期，降低对制作人员技术方面的要求。

第五层是多媒体应用系统。这一层直接面向用户，是为满足用户的各种需求服务的。应用系统要求有较强的多媒体交互功能，良好的人--机界面。多媒体计算机系统系统连接图如图 2-2 所示。

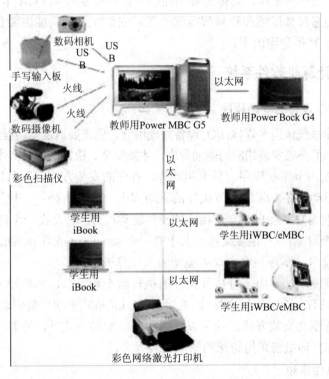

图 2-2　多媒体计算机系统连接图

2.2.2　多媒体计算机硬件系统

多媒体计算机硬件系统除了需要较高配置的计算机主机外，还包括表示、捕获、存储、传递和处理多媒体信息所需要的硬件设备。

1. 多媒体外部设备

多媒体外部设备按其功能可分为如下 4 类：

(1) 人机交互设备，如键盘、鼠标、触摸屏、绘图板、光笔及手写输入设备等。

(2) 存储设备，如磁盘、光盘等。

(3) 视频、音频输入设备，如摄像机、录像机、扫描仪、数码相机、数码摄像机和话筒等。

(4) 视频、音频播放设备，如音响、电视机和大屏幕投影仪等。

2. 多媒体接口卡

多媒体接口卡是根据多媒体系统获取、编辑音频或视频的需要而插接在计算机上的接口卡。常用的接口卡有声卡、视频卡等。

(1) 声卡：也叫音频卡，是 MPC 的必要部件，它是计算机进行声音处理的适配器，用于处理音频信息。它可以将话筒、唱机(包括激光唱机)、录音机、电子乐器等输入的声音信息进行模/数转换、压缩处理，也可以将经过计算机处理的数字化声音信号通过还原(解压缩)、数/模转换后用扬声器播放或记录下来。

(2) 视频卡：是一种统称，具体为视频捕捉卡、视频显示卡(VGA 卡)、视频转换卡(如 TV Coder)以及动态视频压缩和视频解压缩卡等。它们完成的功能主要包括图形图像的采集、压缩、显示、转换和输出等。

2.2.3　多媒体计算机软件系统

1. 多媒体 I/O 设备的驱动程序

如果想让操作系统认识多媒体 I/O 设备并使用它，就需要通过驱动程序了。所以当我们装上一个设备时，都必须安装相应的驱动程序，才能安全、稳定地使用上述设备的所有功能。

驱动程序包括声卡驱动程序、显卡驱动等。程序的安装方法有下面几种：

(1) 可执行驱动程序安装法。可执行的驱动程序一般有两种：一种是单独一个驱动程序文件，只需要双击它就会自动安装相应的硬件驱动；另一种是在一个现成目录(或者是压缩文件解开为一个目录)中有很多文件，其中有一个 setup.exe 或者 install.exe 可执行程序，双击这类可执行文件，程序也会自动将驱动装入计算机中。

(2) 手动安装驱动法。由于可执行文件的执行指令较复杂，体积较大，并且有些硬件的驱动程序并非只有一个可执行文件。因此，可采用 inf 格式手动安装驱动的方法进行安装。

(3) 其他设备驱动安装方式。除了以上两种驱动安装方式外，还有一些设备，如调制解调器(modem)和打印机需采用特殊的驱动安装方式。

2. 多媒体操作系统

支持多媒体的操作系统或操作环境是整个多媒体系统的核心，它负责多媒体环境下多媒体任务的调度，保证音频、视频同步控制以及信息处理的实时性；它提供多媒体信息的各种基本操作和管理；它具有对设备的相对独立性和可扩展性。目前还没有专门为多媒体应用设计、符合多媒体标准的多媒体操作系统。现在用得最多的是计算机平台上的对 Windows 操作环境进行的多媒体扩充。

1) Windows 环境

1990 年，Microsoft 公司推出了 Windows 3.0，在 1991 年又推出了 Windows 3.1、Windows

3.2，Windows 的推出可以称为是计算机业的一个里程碑。1995 年，Microsoft 公司推出了新的操作系统 Windows 95，与 Windows3.2 相比，在多媒体方面做了很大改进，主要有内置的视频功能、更高的视频分辨率、即插即用技术、自动播放功能、音频 CD 播放器、新的编程接口等。1998 年，Microsoft 公司推出了 Windows 98，同 Windows 95 相比，Windows 98 在多媒体方面增加了对 DVD 的支持，支持 DirectX 技术和 AGP 图形加速卡，将 IE4.0 集成到了 Windows 98 里。2003 年，Microsoft 公司推出了 Windows XP，在多媒体处理、网络支持、外部设备支持环境等方面均有了较大的推进。2006 年，Microsoft 公司推出了 Windows Vista，对新一代 64 位 CPU 体系的支撑提供了操作的平台。

　　2) QuickTime 环境

　　Apple 公司的 Macintosh 计算机是多媒体技术的先驱之一，它提供的多媒体环境有 PCM 音源芯片、便于使用的图形用户接口(GUI)、丰富的绘图功能及多媒体创作工具。1991 年，Apple 公司在 Mac System 7.0 中扩充了多媒体软件环境 QuickTime，使声音和图像同步是 QuickTime 的主要特色，这一功能可以实现沿时间轴对声音和图像进行剪贴。QuickTime 对多媒体的信息提供了统一标准的管理环境，方便了多媒体的应用。

　　Apple 公司的多媒体软件 QuickTime，用于捕获、编辑、回放各种数字视频与音频。QuickTime 兼容 Mac OS、Windows 系列平台，具有先进的视频和音频功能，支持虚拟现实集成以及 150 多种视频效果的制作，并配有提供了 200 多种 MIDI 兼容音响和设备的声音装置。QuickTime 能够回放多种不同音频和视频的文件格式，通过 Internet 提供实时数字信息流。工作流与文件回放功能、领先的集成压缩技术，使 QuickTime 为 Internet 用户提供了观看多媒体内容的独特应用。

　　QuickTime 分为三个部分：Movie 管理器、图像压缩管理器和部件管理器。它主要具有对多媒体数据的灵活管理、压缩编码技术、部件管理功能等功能。

　　3) 多媒体系统开发工具软件

　　(1) 媒体处理和创作软件工具。

　　● 媒体播放工具：播放工具可以直接在计算机上播出，还可以在消费类电子产品中播出。如：Video for Windows，对视频序列(包括伴音)可进行一系列处理，实现软件播放功能。

　　● 媒体处理工具：如多媒体数据库管理系统、Video.CD 制作节目工具、基于多媒体板卡(如 MPEG 卡)的工具软件、多媒体出版系统工具软件、多媒体 CAI 制作工具等，还有各式 MDK(多媒体开发平台)。

　　● 媒体创作软件工具：用于建立媒体模型、产生媒体数据。如 Autodesk 公司的 2D Animation 和 Discreet 公司的 3D Studio MAX 等就是很受欢迎的媒体创作工具；用于 MIDI 文件(数字化音乐接口标准)处理的音序器软件也很多，如 MDK 中的 Wave Edit、Wave Studio 等。

　　(2) 多媒体编辑创作软件工具。多媒体编辑创作软件的功能是把多媒体素材集成或组织成一个完整的多媒体应用。目前，多媒体编辑创作软件主要有以下几种类型：

　　● 以图标为基础的多媒体编辑创作软件，如 Authorware。

　　● 以时间为基础的多媒体编辑创作软件，如 Director。

　　● 以页为基础的多媒体编辑创作软件，如 ToolBook。

● 以传统程序设计语言为基础的多媒体编辑创作软件，如 Visual Basic、Delphi。

(3) 用户应用软件，是根据多媒体系统终端用户要求而定制的应用软件，如特定的专业信息管理系统、语音/Fax/数据传输调制管理应用系统、多媒体监控系统、多媒体 CAI 软件、多媒体彩印系统等。在人们探讨应用数字多媒体技术解决自己面临的应用实际问题时，设计制造出各式各样的应用软件系统，使最终用户能够方便、易学、好用地运用多媒体系统，因此，我们把系统用户应用软件视为多媒体系统的必要组成部分。重视多媒体系统应用软件的开发，有利于多媒体技术和系统的普及与推广，使其更好地发挥社会效益。

除上述面向终端用户而定制的应用软件外，还有一类是面向某一个领域的用户应用软件系统，这是面向大规模用户的系统产品，如多媒体会议系统、点播电视服务(VOD)等。医用、家用、军用、工业应用等已成为多媒体应用的重要组成方面。多领域应用的特点和需求，推动了多媒体系统用户应用软件的研究和发展。

2.3　多媒体产品的开发

目前，多媒体产品的开发工具有很多，即使在同一类中，不同工具所面向的应用也各不相同。从多媒体项目开发的角度来看，需要根据自己项目的特点，谨慎地选择多媒体创作工具。如果选择的多媒体创作工具能够和项目的需求很好地结合，那么不但可以顺利地进行创作，同时还可以大大降低项目的复杂度，缩短开发周期。

2.3.1　多媒体产品的开发工具

近年来常用的多媒体产品有其各自的创作工具和特点。以下介绍几种常见的工具。

1. PowerPoint

PowerPoint 是 Microsoft Office 的组件之一，是一种用于制作演示文稿的多媒体幻灯片工具，在国外称为"多媒体简报制作工具"。它以页为单位来组织演示，由一个一个页面(幻灯片)组成一个完整的演示。PowerPoint 可以非常方便地编辑文字、绘制图形、播放图像、播放声音、展示动画和视频影像，同时可以根据需要设计各种演示效果。制作的演示文稿需要在 PowerPoint 中或用 PowerPoint 播放器进行播放(可以手控播放也可以自动播放)。这个工具操作简单、使用方便，但是流程控制能力和交互能力不强，不适合用其开发商用多媒体软件。

2. Authorware

Authorware 是美国 Macromedia 公司的产品。该工具是一种基于流程图的可视化多媒体创作工具，以其强大的交互功能和简洁明快的流程图开发策略而受到广泛的关注。Authorware 通过各种代表功能或流程控制的图标建立流程图，每一个图标都可以激活相应的属性对话框或界面编辑器，从而方便地加入各种媒体内容，整个设计过程具有整体性和结构化的特点。Authorware 是多媒体创作工具中的主流工具，已经成为多媒体创作工具的一个事实上的标准。

3. ToolBook

ToolBook 是美国 Asymetrix 公司推出的一种面向对象的多媒体开发工具。其名称很贴切，利用 ToolBook 来开发多媒体系统时，就像在写一本"电子书"一样。首先需要定义一个书的框架，然后将页面加入书中，在页面上可以包含文字、图像、按钮等对象，接着使用 ToolBook 提供的脚本语言 OpenScript 来编写脚本，对系统的行为进行定义，最后就有了一本"电子书"。ToolBook 可以很好地支持人机交互设计，同时由于使用脚本语言，在设计上也具有很好的灵活性和弹性，可以用它制作多媒体读物或各种课件。

4. Director

Director 最初运行于苹果电脑上，1995 年由 Macromedia 公司移植到 PC 平台上。Director 通过看得见的时间线来进行创作，是一个以二维动画创作为核心的多媒体创作工具，有着非常好的二维动画创作环境，通过其脚本语言 Lingo 可以使其开发的应用程序具有令人满意的交互能力。Director 非常适合制作交互式多媒体演示产品和娱乐光盘。

5. Flash

Flash 早期是 Macromedia 公司的产品，目前被著名的 Adobe 公司收购，成为 Adobe 公司的主要产品。刚开始 Flash 只是一个单纯的矢量动画制作软件，但是随着软件版本的升级，特别是 Flash 内置的 ActionScript 脚本语言的一步步发展，Flash 逐渐演变为功能强大的多媒体程序开发工具。Flash 能开发桌面多媒体产品、网络多媒体程序以及流媒体产品。

6. 方正奥思多媒体创作工具

方正奥思是北大方正公司研制的一种多媒体编辑的创作工具。它操作简便、直观，有着很好的文字、图形图像编辑功能和灵活的多媒体同步控制。其创作策略以页为单位，页中可以制作出高质量的多媒体产品。在发布时，用户可以以 HTML 网页格式或 EXE 可执行文件格式发布自己创作的多媒体系统。

2.3.2　多媒体产品的开发流程

多媒体产品的开发就是由专家或开发人员利用计算机语言或多媒体创作工具设计制作多媒体应用软件的过程。多媒体产品具有形象、直观、交互性好等优点。目前在很多行业都有广泛应用，比如文化教育(CAI 软件)、广告宣传、电子出版、影视音像制作、通信和信息咨询服务(导游、导购、咨询)等相关行业。

根据软件工程学原理，并结合多媒体的特点，多媒体产品的开发流程如下。

1. 需求分析

需要分析是多媒体产品开发的第一阶段，在这一阶段要确定系统的设计目标和设计要求，通过这一步要得到软件的需求规格说明。该文档包含了软件的数据描述、功能描述、性质描述、质量保证和加工说明，整个文档应该清晰、准确、一致、无二义性。

对于多媒体而言，需求分析阶段主要是确定项目的目标和规格。也就是说，要搞清楚产品做什么、为谁做、在什么平台上做。产品的最终结果要尽可能地符合客户的要求，这是软件开发的前提。若是等到完成才发现不符合用户的需求，那将造成很大损失。

需求分析不仅要明确定义产品的目标，确定使用产品的用户群，还要确定交付平台和交付媒体。

2. 系统结构设计

初步设计的目的在于确定应用系统的结构。多媒体应用系统的特点之一是通过各种媒体形式来展现内容或传播知识，因此，在初步设计阶段，需要确定软件如何展现内容。同时由于多媒体系统具有很强的交互性，也需要设计软件与用户交互的方式。

初步设计要明确产品所展现信息的层次即目录主题，得到各部分的逻辑关系，画出流程图，确定浏览顺序；还要进行各部分常用任务分析，得到任务分析列表。

3. 详细设计

首先是脚本创作。脚本就像电影剧本一样，是多媒体产品创作的一个基础，在脚本创作中，软件设计者融入新方法和新创意，在原型制作时都会得到验证。

其次是界面设计。基本原则是整个产品的界面要简洁并且风格一致。在设计界面时，主要设计出界面的主要元素。界面设计要考虑的内容主要有帮助、导航和交互、主题样式、媒体控制界面等。

4. 多媒体素材的采集和整理

由于多媒体应用的特点，需要根据项目的目标进行多媒体素材的积累，包括文本、图形、图像、音频、视频，尽可能地收集质量高的素材或内容原件。为了达到内容完全地支持产品的目标，需要分析对素材进行怎样的编辑和加工。

收集好素材并对素材所需要的加工进行了大致的分析后，就可以制作一个素材内容列表。在列表中列出媒体类型、尺寸、时间长度，所需的加工、大概成本等。注意素材最好是原创的，以避免多媒体产品的侵权问题。

5. 编码与调试

这个阶段将使用合适的多媒体应用系统创作工具，将媒体素材、阐述内容、脚本等结合起来，对软件进行整合、实现。制作原型可以在未完全实现软件产品的所有功能的情况下，尽可能复制和评估最终产品的功能，同时在创作之前测试产品的最关键的设计元素，这样就可以最早地发现软件的问题和设计的偏差，避免在产品质量确认时做大幅度的修改。

原型制作可以分为两个方面：素材制作和集成制作。素材制作包括对已有媒体素材的加工和对原创素材的创作，这往往需要多人分工合作来共同完成；集成制作是原型的生成过程，通过多媒体应用系统创作工具，将各种多媒体素材结合起来共同完成。

通过原型的制作，得到一个多媒体软件的雏形，这个雏形虽然没有包含最终产品的所有功能，但是却是一个可运行的软件版本。在原型制作完成后，应该对原型进行测试。

6. 系统集成与测试

已制作的原型需要进行必要的测试，验证是否达到了最初确定的目标，同时也要确保软件是正确的、可靠的。常用的测试方法有以下几种：

(1) 单元测试，即测试每一模块。一种方法是不关心其内部如何工作，只看其是否能够实现预期的行为，称之为"黑盒测试"；另一种方法是设定一组参数使得程序走过其每一个分支，看其是否正确，称之为"白盒测试"。

(2) 集成测试。在各模块集成为系统后，对系统进行测试，看是否可以协同工作。

(3) 环境测试。将软件在不同软硬件配置的目标系统上运行，看其是否达到了最初的设计目标。

(4) 用户测试。有目的地选择一些典型用户，让他们对原型进行测试，得到反馈，改进系统。

(5) 专家评估。对于多媒体系统的内容部分，请内容方面的专家进行评估。同时也请软件开发方面的专家对整个系统进行评估。通过专家的评估报告，可以得到非常宝贵的改进意见和建议。

通过上述这些测试，可以很好地发现原型的错误、缺点和偏差，如此可以决定是抛弃现有原型还是改进现有原型，从而回到前面的某个步骤，进行下一个原型的生成。在经过3~5 次原型进化后，就得到了最终的软件产品。

在软件产品发布后，还可以通过用户的主动反馈或问卷访谈来了解软件的潜在问题，对于软件产品中的错误，可以制作修正的补丁，通过各种形式(如提供下载、办理邮购等)提供给用户使用。同时通过用户的反馈，也能进一步了解产品客户群的特点，从而为软件升级版的制作提供依据。

2.3.3 多媒体产品的版权问题

版权是对权利人所创作的具有原创性作品的法律保护。版权包括两种主要的权利：经济权利和精神权利。经济权利是指进行复制、广播、公开表演、改编、翻译、公开朗诵、公开陈列、发行等方面的权利；精神权利包括作者反对对其作品进行歪曲、篡改或其他有可能损害其荣誉或声誉的修改的权利。

这两类权利均属于可以行使这些权利的创作者。行使权利就意味着他能够自己使用该部作品，也能够允许他人使用该作品或禁止他人使用该作品。总的原则就是受版权保护的作品在未经权利人许可的情况下不得使用。

1. 如何避免侵权

根据《著作权法》和《计算机软件保护条例》的规定，以下行为为侵犯软件权利。

(1) 未经软件著作权人许可，发表或者登记其软件的。

(2) 将他人软件作为自己的软件发表或者登记的。

(3) 未经合作者许可，将与他人合作开发的软件作为自己单独完成的软件发表或者登记的。

(4) 在他人软件上署名或者更改他人软件上的署名的。

(5) 未经软件著作权人许可，修改、翻译其软件的。

(6) 其他侵犯软件著作权的行为。

(7) 复制或者部分复制著作权人的软件的。

(8) 向公众发行、出租，通过信息网络传播著作权人的软件的。

(9) 故意避开或者破坏著作权人为保护其软件著作权而采取的技术措施的。

(10) 故意删除或者改变软件权利管理电子信息的。

(11) 转让或者许可他人行使著作权人的软件著作权的。

对计算机软件侵权行为的认定，实际是指对发生争议的某一计算机程序与比照物(权利明确的正版计算机程序)的对比和鉴别。

2. 如何保护自己开发的多媒体产品

首先，软件开发者要增强软件保护意识，尽可能早地办理软件著作权登记手续，以便在发生纠纷时举证证明自身的权利；其次，采用技术措施，增强软件的抗破解和用户认证机制；最后，一旦有侵权发生，尽快打击，最大限度地维护软件权利。

2.4　多媒体技术的应用

2.4.1　多媒体技术的应用领域

多媒体技术已经渗透到不同行业的多个应用领域，融入到人们工作、学习、生活及娱乐的各个方面，使我们的社会发生了日新月异的变化。

1．教育、培训领域

在多媒体的应用中，教育、培训占了很大比重，由文字、音频、图形、图像和视频等组成的多媒体教学课件，图、文、声、形并茂，给学生带来更多的学习体验，交互式的学习环境充分调动了学生学习的积极性，提高了学习的兴趣和接受能力。随着网络技术的发展与普及，多媒体技术在远程教育中同样扮演着重要角色。这种跨越时空的新的学习方式强烈地冲击着传统教育。

2．过程模拟领域

在设备运行、化学反应、火山喷发、海洋洋流、天气预报、天体演化、生物进化等自然现象方面，采用多媒体技术模拟其发生的过程，可以使人们能够轻松、形象地了解事物变化的原理和关键环节，并且能够建立必要的感性认识，使复杂、难以用语言准确描述的变化过程变得形象而具体。

除了过程模拟，多媒体技术还可以进行智能模拟。把专家们的智慧和思维方式融入计算机软件中，人们利用这种具有"专家指导"意义的软件，就能获得最佳的工作成果和最理想的过程。例如，某些多媒体软件把特级大师的棋艺编制在其中，与人们对弈。

3．商业广告

多媒体技术已广泛用于商业广告。从影视广告、招贴广告，到市场广告、企业广告，其丰富的色彩、变化多端的形态、特殊的创意效果，不但使人们了解了广告的意图，而且得到美的艺术享受。

多媒体广告不同于平面广告，它使人们的视觉、听觉和感觉全部被调动起来。国际互联网络中的广告涉及范围更大，表现手段更为多媒体化，人们接受的信息量也更大。

4．影视娱乐业

多媒体在影视娱乐业作品的制作和处理上已被广泛采用。如动画片的制作，就能充分说明计算机技术在影视业中的作用。动画片经历了从手工绘画到时髦的计算机绘画的过程，动画模式也从经典的平面动画发展到体现高科技的三维动画。由于计算机的介入，使动画的表现内容更加丰富多彩。

多媒体技术在游戏领域的应用也十分广泛，游戏的种类很多，有角色扮演类的，也有益智类及棋牌休闲类的，它们都是用了多媒体技术。绚丽的画面和特有的音效，方便、易懂的交互和提示帮助，使游戏者在精致的虚拟空间中体验游戏带来的快乐。

5．电子出版物

光盘作为超大容量的存储媒体和多媒体技术相结合，使出版业突破了传统出版物的种种限制进入了新时代。光盘出版物结合多媒体技术，把静止枯燥的读物转化为文字、声音、图形图像、视频、动画相结合的多种形式，给读者提供全新的视听享受，同时也使出版物的容量增大、体积大大缩小。

6．医疗诊断

医疗诊断经常采用实时动态视频扫描。声影处理技术是多媒体技术成功应用的例证。多媒体数据库技术从根本上解决了医疗影像的另一个关键问题——影像存储管理问题。多媒体和网络技术的应用使远程医疗从理想变成现实。

2.4.2　多媒体格式的转换

随着多媒体技术应用的普及深入，出现了多媒体格式互相转换的问题。原因有两个。第一是对视频体积的要求：不同格式的多媒体文件的计算方法不同，导致了采用的视频编码不同，不同的编码算法也就导致了保存同样尺寸的视频内容占用的空间不同；有些视频格式编码算法比较复杂，占用空间大，为了减少存储空间的占用率，也就是为了减小体积，我们将某一格式转换为另一格式，大多数格式转换都是出于这方面的考虑才进行的，且大部分是由低压缩率格式转换为高压缩率格式。第二是对视频格式认同的要求：多媒体文件通常要制作多种多媒体产品，有时工具对视频格式的支持是有限的，所以为了制作出产品，必须满足相关工具的支持，因此，把一些不常用的格式或软件不支持的格式转换为能使用的格式，来满足软件的制作需要。

格式工厂(Format Factory)是一款多功能的多媒体格式转换软件，可以实现大多数视频、音频以及图像不同格式之间的相互转换。下面以格式工厂软件的应用说明操作方法。

【例2.1】　格式工厂软件的应用。

1．功能介绍

(1) 视频的转换：各种视频文件转到 MP4、3GP、AVI、MKV、WMV、MPG、VOB、FLV、SWF、MOV，新版已经支持 RMVB、同时支持 XV 也就是迅雷独有的文件转换成其他格式。

(2) 音频的转换：各种音频转到 MP3、WMA、FLAC、AAC、MMF、AMR、M4A、M4R、OGG、MP2、WAV。

(3) 图片的转换：各种图片转到 JPG、PNG、ICO、BMP、GIF、TIF、PCX、TGA。

(4) 支持移动设备的转换：索尼(Sony)PSP、苹果(Apple)iPhone&iPod、爱国者(Aigo)、爱可视(Archos)、多普达(Dopod)、歌美(Gemei)、iRiver、LG、魅族(MeiZu)、微软(Microsoft)、摩托罗拉(Motorola)、纽曼(Newsmy)、诺基亚(Nokia)、昂达(Onda)、OPPO、RIM 黑莓手机、蓝魔(Ramos)、三星(Samsung)、索爱(SonyEricsson)、台电(Teclast)、艾诺(ANIOL)和移动设备兼容格式 MP4、3GP、AVI。

(5) 转换 DVD 到视频文件，转换音乐 CD 到音频文件。DVD/CD 转到 ISO/CSO，ISO 与 CSO 互转，源文件支持 RMVB。

(6) 可设置文件输出配置。包括视频的屏幕大小，每秒帧数，比特率，视频编码；音频的采样率，比特率；字幕的字体与大小等。

(7) 高级项中还有"视频合并"与查看"多媒体文件信息"。

2．基本格式转换

(1) 点击工具栏选项，如图 2-3 所示。

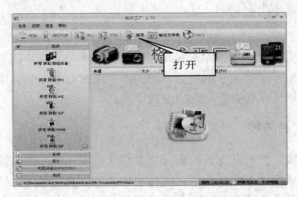

图 2-3　格式工厂界面图

(2) 选择改变输出文件夹，可复选文件"转换完成后关机"或"打开输出文件夹"，可赋给转换后的文件添加后缀名称，如图 2-4 所示。

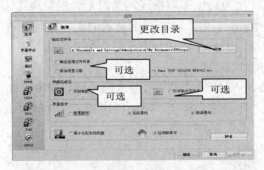

图 2-4　文件夹选择改变输出

① 音频转换。

选择转换以后输出的文件格式，以 wma 格式为例，如图 2-5 所示。添加需要转换的文件，比如此处我们添加音频歌曲"周艳泓-要嫁就嫁灰太狼"，如图 2-6 所示。

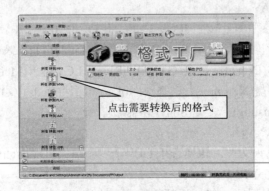

图 2-5　选择转换输出文件格式

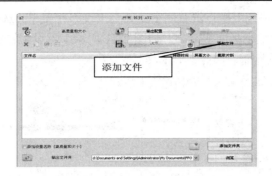

图 2-6 添加需要转换的文件

打开输出配置，如图 2-7 所示。如果不想自定义配置可以使用"预设配置"，打开"质量"下拉菜单，选择转换后的画面质量和文件体积大小，如图 2-8 所示。注意：画面质量越高文件体积越大；反之亦然。返回后再点"确定"，返回到主界面点"开始"，转换就开始了。

图 2-7 打开输出配置

图 2-8 使用"预设配置"

② 视频转换。

如果添加的是视频文件，以转换到 avi 格式为例，如图 2-9 所示。添加需要转换的文件，比如此处我们添加视频歌曲"江美琪-亲爱的你怎么不在身边"。打开输出配置，如图 2-10 所示。

图 2-9 视频文件转换到 avi 格式

图 2-10 添加需要转换的文件

如果不想自定义配置可以使用"预设配置"，打开"质量和大小"下拉菜单，选择转换后的画面质量和文件体积大小。注意：画面质量越高文件体积越大；反之亦然。如果转换

AVI 格式，应在"视频编码"栏点击右侧空白处会出现下拉菜单，选择 MPEG4(Xvid)编码，它比 DivX 编码文件体积小画面质量高，如图 2-11 所示。预设配置完以后点确定，返回后点"选项"可进入预览界面，如图 2-12 所示。

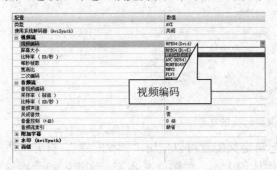

图 2-11　选择转换后的画面质量和文件体积大小　　　　图 2-12　预览界面

　　在预览后如果没有问题点击"确定"，如图 2-13 所示。返回后再点确定，返回到主界面点"开始"，转换开始，文件栏显示 0%标识，如图 2-14 所示。(最好转换前可先截取一段试看转换效果，如果没有问题再正式转换)。

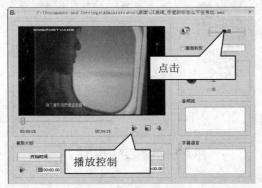

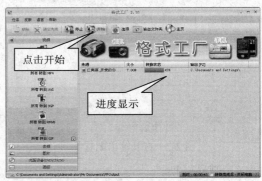

图 2-13　预览确定　　　　　　　　　　　　图 2-14　转换开始

　　(3) 带剪辑的格式转换。如果需要截取某段画面或裁减画面及选择语言和字幕，可在预设配置完成后点"确定"，然后再点"选项"，如图 2-15 所示。

　　① 画面截取：如要截取音、视频片断，拖动滑动条到片断开头点"开始时间"按钮，再拖动滑动条到片段结尾点"结束时间"按钮，如图 2-16 所示。

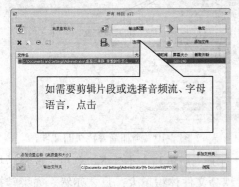

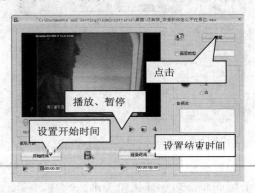

图 2-15　截取画面选项　　　　　　　　　　图 2-16　画面截取

② 画面裁减及选择音频流(音频流索引)和字幕语言(字幕流索引)。

● 画面裁减：如果需要裁减视频画面，应复选"画面裁减"，此时预览画面会出现红色框，用鼠标点一下预览画面后，拖动鼠标就可随意裁减画面大小，同时"画面裁减"右边的方框里显示已裁减的画面尺寸参数。

● 源音频频道：即源文件左右声道，默认缺省。

有些格式的视频可在这里显示多种语言音频流，预览时可用鼠标点击选择的语言，预览屏幕同时会播放所选择的语言，比如 Mkv 格式视频。有些格式的视频加载了多种语言字幕显示(比如 Mkv 格式视频)，预览时可用鼠标点击选择字幕语言，预览屏幕同时会显示所选择的字幕(与选择音频流的方法一样)。

(4) 自定义配置全部选项详细解释及设置方法。

视频流：点栏目左边"+"号打开项目。

视频编码：上面说过 AVI 编码方式，其他可根据需要选择。

屏幕大小：转换后的视频如果在电视上播放，要选择 720x480HD、1280x720HD。

比特率：如要保持源文件画面质量，就不能低于源文件比特率，如果转换后的画面大小配置大于源文件，比特率配置就要适当高于源文件比特率。

每秒帧数：转换后的视频如果要在电视上播放，每秒帧数选择 25，其他可按需要。每秒帧数越高，视频画面连续性越好。

宽高比：如果源文件画面宽高比例正常，就选自动，否则可以根据需要选择其他画面比例(完全伸展是指画面覆盖整个屏幕)。

二次编码：如果需要特别好的画面质量时才选择，但是转换速度会慢很多，一般默认为否。

音频流：点栏目左边"+"号打开项目。

音视频编码：一般选择 mp3 格式。

采样率：默认 44100，如果源文件音量小可选 48000。

比特率：默认 128 即可，如果对音质要求高，可选择 224 或更高，但是采样率要选 48000。

音频声道：一般选择默认即可，也可根据需要选择其他声道。

关闭音效：默认为否。

音量控制：如果源文件音量太小或太大，可使用"+"增大或"–"减小音量分贝(dB)数值。

音频流索引：有些视频文件中有英语或国语等音频流，查到被转换的音频流序号后可在此选择(如果在"选项"设置中选择音频流，在这里可缺省)。

添加字幕：如果需要给视频添加字幕，可点栏目左边"+"号打开附加字幕选项。

附加字幕：如果字幕文件和视频文件名同名并且保存在同一文件夹，软件会自动加载字幕，实际使用该软件加载字幕后发现只支持 srt 字幕格式；也可点附加字幕栏目右侧空白处找到字幕文件保存位置，手动加载字幕。

字幕字体大小：选 3 即可。数字越大字体越大，数字越小字体越小。

Ansi code-pag：936 是中文，也可根据需要点栏目右侧空白处下拉菜单选择。

字幕流索引：如果查到被转换的视频中英文字幕流序号可在此选择。(如果在"选项"设置中选择字幕流，在这里可缺省)

水印：如果需要给转换后的视频加上图片做标记，可点水印栏目左边"+"号打开项目：

水印—点击水印栏目右侧空白处—找到需要添加的图片文件保存位置—添加图片。

　　位置：选择水印图片屏幕显示位置。

　　边距：选择水印图片占整个屏幕的百分比(水印图片的大小)。

　　高级：点栏目左边"+"号打开项目。

　　旋转：如果不需要旋转画面，默认该项。

　　上下颠倒：如果不需要上下颠倒，默认该项。

　　左右颠倒：如果不需要左右颠倒，默认该项。

本 章 小 结

　　本章从多媒体的概念和特征入手，讲述了多媒体技术的定义、特征，重要的组成元素。并介绍了多媒体计算机系统的硬件和软件组成，以及多媒体产品的开发和版权的问题。这些在对学习者的实际应用中都会有一定的帮助。

思 考 题

(1) 媒体和多媒体的概念是什么？

(2) 多媒体的主要元素有哪些？

(3) 多媒体的硬件系统主要包括哪几部分？

(4) 多媒体产品的开发流程是什么？

第3章　数字图像处理技术

本章导读

内容提示：本章介绍数字图像的基本概念和功能、图像获取的基本途径，从 Photoshop 界面介绍入手，通过实例具体讲解选区操作、图层操作和滤镜操作等。

学习要求：了解数字图像的概念和用途，掌握利用 PS 处理图像的方法和技巧，掌握选区操作、图层操作、图像色彩调整、绘画与修饰工具的使用以及滤镜工具的用法和应用。

3.1　数字图像处理基本概念

在多媒体信息的采集和制作中色彩的选择和使用起着举足轻重的作用，因此了解图像的色彩模式是用 Photoshop 进行图像设计与处理的重要基础。

3.1.1　像素、分辨率与像素深度

1．像素

像素是构成数字化图像的最小单位。每一个像素中都包含有该像素的颜色和属性等相关信息。

2．图像分辨率

图像分辨率是指组成一幅图像的像素密度的量度方法。对同样大小的一幅图像，如果组成该图像的像素数量越多，则该图像的分辨率越高，看起来就越清晰、逼真。相反，图像就会显得越粗糙。图像分辨率通常用单位面积上像素点的多少来表示，例如用每英寸多少点(Dots per Inch，　DPI)表示，300DPI 则表示每英寸大小的图像上有 300 个像素点。

3．像素深度

像素深度是指存储每个像素点所用的位数，它决定了彩色图像的每个像素点可能呈现的颜色的数量，或者确定灰度图像的每个像素点可能呈现的灰度等级的级数。例如，一幅 RGB 模式的彩色图像的每个像素点包含 R、G、B 三个分量，如果每个分量用 8 位二进制表示，那么一个像素共用 24 位表示。表示一个像素的位数越多，它能表达的颜色数目就越多，像素深度就越大。

3.1.2　颜色三要素

1．色调

色调又称色相，色调表示颜色的种类，是人眼看到一种或多种波长的光时所产生的彩色感觉。它取决于颜色的波长，是决定颜色的基本特性。没有主波长的颜色，称为无色彩的颜色，例如：黑、白、灰。

红、橙、黄、绿、蓝、紫是六种基本色，相邻的两个基本色之间还有各种过渡色。色调可以用一个 360° 的色轮来表示，在 360° 的标准色轮上，色相是按位置度量的。

2．饱和度

饱和度有时也称彩度，是指颜色的强度或纯度。饱和度表示色相中灰色成分所占的比例，用从 0%(灰色)到 100%(完全饱和)的百分比来度量。在标准色轮上，从中心到边缘饱和度是递增的。

3．亮度

亮度是颜色浓或淡的程度的物理量，它是按各种颜色混入白色光的比例来表示。100%的饱和度就是完全没有混入白色光的单色光，饱和度越高，颜色就越浓，越鲜艳。如果混入大量白色光，饱和度就会降低。

3.1.3　图像色彩模式

图像色彩模式是指图像的色彩属性，不同色彩模式的图像，色彩的表现是不一样的。Photoshop 不仅可以处理多种色彩模式的图像，还可以进行图像色彩模式的转换。例如，一般情况下，在 Photoshop 中完成的一幅作品，采用的色彩模式是 RGB 色彩模式；作品完成后，要对作品进行打印输出，这时需要将图像的色彩模式转换为 CMYK 色彩模式，因为计算机显示器使用 RGB 色彩模式，而打印机使用 CMYK 色彩模式，两种模式的色域不相同，如果不进行转换，打印出来的图像颜色容易失真。

1．常用图像色彩模式(RGB 色彩模式和 CMYK 色彩模式)

RGB 模式属于加色模式，即把红、绿、蓝三种基色光按不同比例相加混合产生各种颜色。红、绿、蓝三基色两两之间进行等比例混合时：红＋绿＝黄色，红＋蓝＝品红，绿＋蓝＝青色，三种基色之间等比混合则产生白色，如图 3-1 所示。

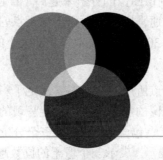

图 3-1　RGB 模式相加混色示意图

　　CMYK 色彩模式属于相减混色,主要适用于一些本身不能产生有色光的设备呈现颜色,如打印机就采用 CMYK 色彩模式呈现颜色。打印机使用的油墨可以有选择地吸收(即减去)一些颜色的光,并反射其他颜色的光,例如青色的油墨之所以呈现青色是因为白色的复合光照射到青色油墨上,油墨吸收了红色的单色光,只留下绿色和蓝色单色光,蓝色和绿色混合产生青色。当加入不同量的青(C)、品红(M)和黄(Y)颜色的油墨就可以得到不同的颜色。从理论上讲,青、品红和黄色等比混合可以产生黑色,但是实际上由于油墨含有杂质,并不能产生纯正的黑色,所以添加了黑色油墨(K),因为简称 CMYK 色彩模式。CMYK 色彩模式的相减混合如图 3-2 所示。

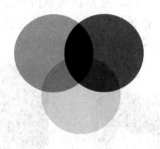

图 3-2　CMY 模式相减混色示意图

2．HSB 色彩模式

　　HSB 色彩模式将色彩分为 H(色调)、S(饱和度)、B(明度)色彩三要素。

　　色调:是指光经过折射或反射后产生的单色光谱,即纯色,它组成了可见光谱,由 360°的色轮来表现。

　　饱和度:描述色彩的浓淡程度,各种颜色的最高饱和度为该颜色的纯色,最低饱和度为灰色。灰色、白色、黑色没有饱和度。

　　亮度:描述色彩的明亮程度。

　　色调、饱和度和明度的取值范围是,H: 0～360°,S: 0～100%,B: 0～100%。

3．灰度模式

　　灰度模式是用 0～255 种灰度值来表示图像中像素颜色的一种色彩模式,也是一种让彩色模式转换为位图和双色调图的过渡模式,通俗点讲,和黑白电视机效果一样。彩色模式转换为灰度模式后,彩色将丢失且不可恢复。

4．Lab 色彩模式

　　Lab 色彩模式是国际照明委员会(CIE)为了使颜色衡量标准化而公布的一种理论性色彩模式,与设备无关。它是 Photoshop 进行色彩模式转换过程中的过渡性色彩模式,是在不同颜色之间转换时使用的中间模式。其在转换格式的时候颜色失真最少,编辑速度和 RGB模式一样快。

　　Lab 模式有 3 个色彩通道,一个用于亮度,另外两个用于色彩范围。具体介绍如下:

　　L:亮度分量,范围从 0～100。

　　A:色彩从深绿(低亮度值)到灰色(中亮度值)到红色(高亮度值),范围从 −120 到 +120。

　　B:色彩从天蓝(低亮度值)到灰色(中亮度值)到黄色(高亮度值),范围从 −120 到 +120。

5. 索引色彩模式

索引色彩模式是指图像的像素中并不直接保存像素的颜色信息，而仅仅保存该像素点在颜色索引表中的一个入口地址，呈现颜色时再根据索引地址到颜色索引表中查找该像素的颜色信息，这样就有效地控制了图像的大小。当我们将一幅图像转换成索引颜色时，Photoshop 将会构建一个颜色表来存放并索引图像中的颜色。

3.1.4　位图图像和矢量图形

位图图像和矢量图形构成了计算机图形的主要的两大类。

位图图像在技术上称为栅格图像，它是由像素拼合而成的图像。像素具有特定的位置和颜色值，在处理位图图像时，都是针对每个特定的位置的像素做颜色的更改，而不是编辑对象或形状，例如铅笔工具、橡皮工具就是像素工具，如图 3-3 所示。

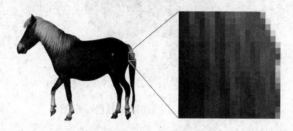

图 3-3　位图图像放大效果图

矢量图形是由矢量的数学对象定义的线条和曲线组成，是根据图像的几何特性描绘图像的。如图 3-4 所示，放大后的图形不失真且图像边缘都十分清晰。Photoshop 里的钢笔工具就是制作矢量图形的工具。而且矢量图形相对位图图像来说文件比较小。

图 3-4　矢量图像放大效果图

3.1.5　图像文件格式

Photoshop 以它强大的图像处理功能，支持多种格式的图像文件。常见的图像文件格式有：

(1) PSD 格式。它是 Photoshop 的缺省文件格式。此格式的图像文件能够精确保存图层与通道信息，但占据的磁盘空间较大。

(2) BMP 文件。它是 Windows 下的标准图像文件格式，最适合处理黑白图像文件，清晰度很高。另外 BMP 文件可跨平台操作和设置 RLE 方式压缩文件。

(3) JPEG 文件。它是应用最广泛的一种可跨平台操作的压缩格式文件。其最大的特点是压缩性很强，它采用的是"有损"压缩方案，因此，在生成 JPG 文件时，建议选择"最大化"选项，以保证图像的质量。

(4) TIFF 文件。它是 Aldus 公司为苹果机设计的图像文件格式，可跨平台操作，多用于桌面排版、图形艺术软件。它支持 LZW 无损压缩方式，可保存 Photoshop 通道信息。

(5) GIF 文件。它是 CompuServe 公司开发的一个压缩 8 位图像的工具，主要用于网络传输、主页设计等。它采用的也是 LZW 无损压缩方式，但只能支持 256 种颜色。

(6) PCX 文件。它是一种能跨平台操作的 PC 位图格式，早期的 DOS 绘图程序多使用这种格式的图像文件，现在很少有人问津。Photoshop 支持 PCX 文件。

(7) TGA 文件。它是 True Vision 公司创建的、可跨平台操作、支持 32 位图像色彩的一种图像格式，可保存 Photoshop 通道信息，应用比较广泛。

3.2　数字图像的获取

3.2.1　获取数字图像的硬件

1．数码相机

数码相机，是一种利用电子传感器把光学影像转换成电子数据的照相机。具有如下优点：

(1) 拍照之后可以立即看到图片，从而提供了对不满意的作品立刻重拍的可能性，减少了遗憾的发生。

(2) 只需为那些想冲洗的照片付费，其他不需要的照片可以删除。

(3) 色彩还原和色彩范围不再依赖胶卷的质量。

(4) 感光度也不再因胶卷而固定，光电转换芯片能提供多种感光度选择。

2．扫描仪

扫描仪是一种计算机外部仪器设备，通过捕获图像并将之转换成计算机可以显示、编辑、存储和输出的数字化输入设备。照片、文本页面、图纸、美术图画、照相底片、菲林软片，甚至纺织品、标牌面板、印制板样品等三维对象都可作为扫描对象，是提取和将原始的线条、图形、文字、照片、平面实物转换成可以编辑及加入文件中的装置。

3.2.2　数字图像获取的方式

初始的图像如图片、照片等，常使用扫描仪、数码照相机来采集。

(1) 用扫描仪对图片、幻灯片或印刷品进行扫描，可迅速获取全彩色的数字化图像。

(2) 数码照相机体积小，携带方便，可脱机拍摄用户需要的任何照片，然后将结果输入计算机。摄像机/录像机也通常用于完成采集图像数据的工作。现有摄像、录像设备都是基于模拟信息的，但只要在计算机上配置了视频卡(亦称视频捕捉卡)，就能将摄像机或录像带输出的视频影像显示在屏幕上，供用户从中捕捉任意一幅需要采集的图像画面。

(3) 数字图像库存储在 CD-ROM 光盘或者磁盘上，供用户选购。针对具有一定绘画水平的用户。

（4）通过图形软件绘制的，图形是由许多"矢量"（或"图元"）构成的。如果绘制一条直线，在计算机中存储的将是直线的起点、终点与颜色，而不是像图像那样存储位图的矩阵信息。由此也可说明，图形具有容易修改的特点，只要用鼠标选出已经绘制的图元，就能方便地将它删除、修改或变形（如旋转、扭曲等）。还需指出，大多数图形软件都具有将图形从矢量图转换为位图的功能。但一旦转换，矢量图的特点就会完全消失，再也无法选取图形中的某个图元而进行单独修改了。

（5）直接从显示屏或抓图软件获取图像。

3.3　利用 Photoshop 进行图像设计与制作

掌握 Photoshop 软件的基本操作，能灵活地使用各种工具建立选区；掌握图像调整和合成的基本技巧，在理解图层、通道、路径的基础上，综合利用 Photoshop 的各种功能进行图像处理与设计。本部分以 Photoshop CS5 为例进行讲解。

3.3.1　文件基本操作

文件操作是 Photoshop 中的基本操作，下面以一个实例来对文件的打开、保存、关闭、格式转换、修改大小等操作进行介绍。

1．软件的打开

单击"开始"→"所有程序"→Adobe Photoshop 命令，即可启动 Photoshop CS5，启动界面和启动后的默认界面分别如图 3-5、3-6 所示。

图 3-5　Photoshop CS5 启动界面

图 3-6　Photoshop CS5 默认界面

2．图像文件的打开

单击"文件"→"打开"命令或者双击窗口工作区中的灰色区域，在弹出的"打开"对话框中找到图像素材的位置，选中素材后单击确定，即可将图像素材在图像编辑窗口中打开。

3．文件的保存

单击"文件"→"存储为"命令，弹出"储存为"对话框，输入保存的文件名，选择文件存储格式，即可将修改后的图像保存。通常选择以下两种文件存储格式：

(1) PSD 格式。PSD 格式是 Photoshop 默认的文件存储格式。这种格式可以存储 Photoshop 中所有的图层，通道、参考线、注解和颜色模式等信息，便于重新修改和编辑，但其占用内存较大。

(2) JPEG 格式。JPEG 是与平台无关的格式，支持最高级别的压缩，具有比较好的重建质量，被广泛应用于图像处理领域。JPEG 格式支持 CMYK、RGB 和灰度颜色模式，但不支持 Alpha 通道。

3.3.2　图像窗口与色彩的调整

1. 图像窗口的调整

图像窗口是用于观察和编辑图像的文件窗口，图像窗口中包含了标题栏和状态栏等，以便使用者观察图像的模式、文件名、视图比例等信息。下面介绍图像窗口的常用操作。

1) 调整图像窗口的大小

在图像处理过程中，当打开一个图像文件时，经常需要根据实际情况调整图像窗口的大小。通常通过两种方式来改变图像窗口的大小。

方法一：将鼠标移至图像窗口的边框上，当鼠标变成双向箭头形状时，按住鼠标左键并拖动鼠标即可。

方法二：图像窗口的右上方有"最小化"按钮 ▭ 、"最大化"按钮 ▣ 。单击"最小化"窗口，图像窗口以最小化显示；单击"最大化"按钮，图像窗口以最大化显示。这种方法更加便于操作。也可以双击图像窗口的标题栏，使图像窗口最大化显示，再次双击，图像窗口又可恢复为初始显示大小。

2) 旋转图像

打开一个图像文件后，如果发现图像的方向不正确，就需要将图像文件进行旋转。旋转的方法是执行"图像"→"图像旋转"，再根据实际情况选择需要旋转的方向和角度，如图 3-7 所示。

图 3-7　图像旋转操作图

3）切换图像

在编辑图像的过程中经常会同时打开多个图像文件，下面介绍几个常用的切换图像的方法。

方法一：所有打开的图像文件的标题栏都并列显示在图像窗口的右上角，单击标题栏激活需要编辑的图像窗口。

方法二：按 Ctrl + Tab 或者 Ctrl + F6 组合键，切换到下一个图像窗口，按 Ctrl + Shift + F6 或者 Ctrl + Shift + Tab 组合键，切换到上一个图像窗口。

方法三：选择"窗口"菜单，在弹出的菜单的最下方会列出所有打开的图像文件的名称，选择需要编辑的图像文件的名称，将其切换为当前图像窗口。

4）像素的设置

执行"图像"→"图像大小"命令，弹出"图像大小"对话框，在打开的对话框中设置具体的参数，改变图像的像素，如图 3-8 和图 3-9 所示。

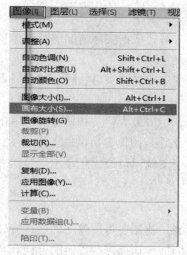
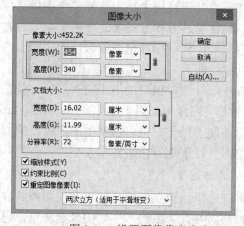

图 3-8　选择图像大小命令　　　　　　图 3-9　设置图像像素大小

在默认状况下，对话框下方的"约束比例"复选框是勾选的，即调整的过程中会保持当前图像宽度和高度比例不变，如果需要改变图像的高宽比，则需取消"约束比例"复选框勾选。

在默认状况下，改变图像的打印尺寸或分辨率的同时对话框会自动调整图像中的像素总数，如果只更改打印尺寸和分辨率而不更改图像的像素总数，则需要取消"重定图像像素"复选框，这时在"文档大小"可以调整图像的打印尺寸，而图像的总像素不改变。

2．图像大小的调节

1）设置画布大小

设置图像大小的方法在第一章"像素的设置"部分已经论及过，此处不再重复。默认情况下，图像大小和画布大小是一致的，即图像大小发生改变，画布大小也相应发生改变。但在一些特殊情况下需要单独改变画布大小，设置的方法是执行"图像"→"画布大小"命令，弹出"画布大小"对话框，在打开的对话框中，可以设置画布的大小，如图 3-10 所示。

图 3-10　画布大小对话框

当重新设置的画布大小数值小于初始值，则会对图像进行相应的裁剪，以适应新画布的大小；当重新设置的画布大小数值大于初始值，则在原来画布大小的基础上进行扩充。当勾选了"相对"复选框时，"宽度"和"高度"的数值就决定了新画布的相对大小。定位选项可以确定图像在画布上的位置。在"画布扩展颜色"下拉列表中可以设置扩展画布的颜色。

2) 调整图像的显示大小

在图像编辑过程中为了便于操作经常需要调整图像的显示大小，有时将图像放大，有时将图像缩小(注：图像的实际大小并不会发生改变)。下面介绍几种常用的调整图像显示大小的方法。

方法一：按 Ctrl + + 组合键，扩大图像的显示比例；按 Ctrl + – 组合键，缩小图像的显示比例；按 Ctrl + O 组合键，则以最佳大小显示图像。

方法二：按住 Alt 键不放，滚动鼠标滑轮，向前滚动扩大图像显示比例，向后滚动缩小图像显示比例。

方法三：选择工具箱中的缩放工具 🔍，在图像上单击，可以将图像放大，按住 Alt 在图像上单击，则将图像缩小。

方法四：执行"视图"→"放大"命令放大图像显示大小，执行"视图"→"缩小"命令缩小图像显示大小。

方法五：在图像窗口状态栏的文本框中输入图像显示大小的数值，或者在导航器中拖动图像显示大小的滑块，调整图像的显示大小，如图 3-11 和图 3-12 所示。

图 3-11　通过状态栏调整图像显示大小

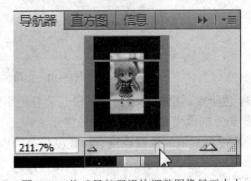

图 3-12　拖动导航器滑块调整图像显示大小

3. 图像色彩的调整

色彩对于事物的表现能力有着其他形式无法比拟的超强效果。在我们的生活里，色彩无所不在，它是构成我们生活环境的重要组成部分。在平面设计中色彩同样占据着重要的地位，是至关重要的表现形式，不同的色彩表现出设计作品不同的风格。在 Photoshop CS5 中可以使用不同的方法对色彩进行调整，下面介绍几种常用的命令。

1) 色阶的调整

色阶调整命令可以通过调整图像的暗调、中间调和高光的亮度级别来校正图像的影调，包括反差、明暗、图像层次以及平衡图像的色彩。

【例 3.1】 利用色阶调整图像的影调。

(1) 在 Photoshop 中打开如图 3-13 所示的图像素材。

图 3-13　色阶调整图像素材

(2) 执行"图像"→"调整"→"色阶"命令，弹出色阶对话框，如图 3-14 所示。

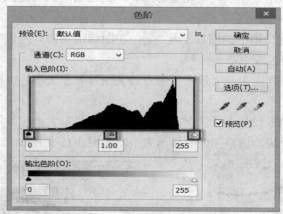

图 3-14　色阶调整对话框

(3) 色阶对话框中有黑、灰、白三个滑块，分别对应的是图像素材中亮度最低的像素、亮度值 50% 的像素和亮度值最高的像素。从三个滑块上面的直方图，我们可以看到，整个图像中亮度值最低的像素点没有，亮度最高的像素点也没有，所有像素的亮度值大致集中在 25%～85% 这个区间内，从而导致图像的反差不够，层次感不强。调整的办法是对图像中的黑场和白场进行重新定义，分别拖动黑色滑块和白色滑块至图 3-15 所示的位置。

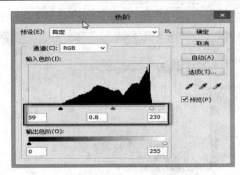

图 3-15　色阶调整参数

(4) 相比于原图，调整后的图像明亮对比更强烈，层次感更好。

2) 曲线的调整

使用曲线可以调整图像的亮度、对比度和色调。曲线调整可以执行"图像"→"调整"→"曲线"命令，也可以单击图层面板下方的"创建新的填充或调整图层"按钮。在弹出的快捷菜单中选择创建曲线调整图层。

【例 3.2】利用曲线校正图像偏色。

(1) 打开"曲线调整素材"，执行"图像"→"调整"→"曲线"命令，弹出"曲线"对话框如图 3-16 所示。

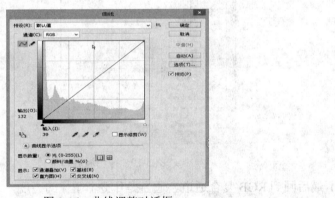

图 3-16　曲线调整对话框

(2) 由于整个图像偏黄，所以考虑增加图像的补色蓝色，选择通道下拉框中的蓝色通道，提升蓝色，如图 3-17 所示。

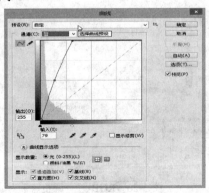

图 3-17　蓝色通道调整

(3) 切换到红色通道，发现直方图中红色像素较多，压暗红色，如图 3-18 所示。

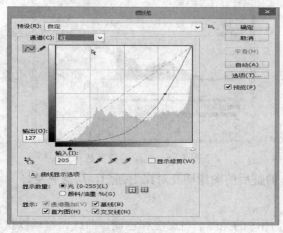

图 3-18　红色通道调整

(4) 切换到绿色通道，适当压暗绿色，如图 3-19 所示。

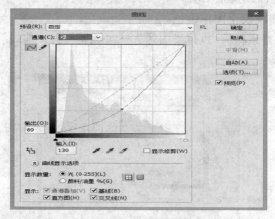

图 3-19　绿色通道调整

(5) 最后回到 RGB 复合通道，适当提升整个图像的亮度，如图 3-20 所示。

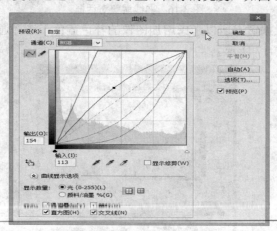

图 3-20　RGB 通道调整

(6) 调整后图像前后效果对比，如图 3-21 所示。

图 3-21　调整效果对比图

3) 色相和饱和度的调整

颜色具有三要素，即色相、饱和度和明亮。"色相和饱和度"命令可以对图像的色相、饱和度和明亮进行调整。

【例 3.3】 调整图像的色相和饱和度。

(1) 在 Photoshop 中打开如图 3-22 所示的图像素材。

图 3-22　图像素材

(2) 执行"图像"→"调整"→"色相/饱和度"命令，弹出对话框如下所示色相/饱和度对话框，设置如图 3-23 所示。

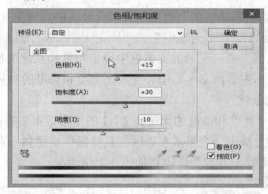

图 3-23　色相/饱和度对话框

(3) 对色相、饱和度、明度等数值进行调整，达到理想效果。

以上是调整图像色彩的三种常用的方法，当然还有其他很多调节方法，而且在调整图像的过程中，往往需要配合使用其他技巧，效果才能更好。

3.3.3　选区的创建与编辑

创建和编辑选区是 Photoshop 操作的基本功之一，因为在 Photoshop 中对图像进行编辑操作通常不会是对整幅图像进行编辑，而是对图像中某个对象或区域进行编辑。所以首先要创建相关选区，然后对选区内的图像进行效果处理。能够灵活地使用选框工具、套索工具、魔术棒工具和快速选择工具创建各种类型的选区，是利用 Photoshop 对图像处理的第一步。

1．选区的创建

1）选框工具

矩形选框工具与椭圆形选框工具主要用于创建较为规范的矩形和椭圆形选区。单行选框工具与单列选框工具主要用于创建直线形选区。按住 Shift 的同时，使用矩形选框工具与椭圆形选框工具可以创建正方形选区和正圆形选区，如图 3-24 所示。

在创建选区的时候可以配合选区工具的选项栏灵活使用。选框工具的选项栏大致相同，下面只介绍矩形选框工具选项栏中的各个选项。

图 3-24　矩形选框工具选项栏

(1) 选区选项：从左至右依次是"新选区"、"添加到选区"、"从选区中减去"、"与选区交叉" 4 个按钮。默认状态下是"新选区"，表示创建一个新的选区；"添加到选区"表示在原有选区的基础上增加新的选区；"从选区中减去"表示在原有选区内减去一个新的选区；与"选区交叉"表示选取新选区与原有选区的相交部分。

(2) 羽化：将选区的边缘虚化。后面的像素值大小表示虚化的程度，数值越大，虚化程度越高。

(3) 消除锯齿：勾选"消除锯齿"复选框可以让选区的边缘更加圆滑。

(4) 样式：有"正常"、"固定比例"、"固定大小" 3 个选项。"正常"表示自由拖动创建选区；"固定比例"表示在后面文本框中设定宽度和高度的比例，创建固定比例的选区；"固定大小"表示在后面文本框中设置选区宽度和高度的具体数值。

【例 3.4】 选区的创建。

具体要求：创建一个宽度和高度的比值为 2∶1 的矩形选框，并设置羽化值为 20 像素，然后在原有选区的基础上减去一个半圆形选区。具体操作步骤如下：

(1) 选中矩形选框工具，并设置选项栏如图 3-25 所示。

图 3-25　选项栏参数设置

(2) 在画布上创建一个选区，选择椭圆形选框工具，并在选项栏的选区选项中选取"从选区中减去"，在原有选区的基础上减去一个半圆形选区，设置选项栏如图 3-26 所示。

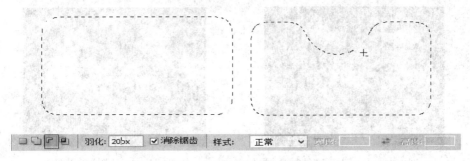

图 3-26　选项栏参数设置

注意：按 Shift + Alt 组合键，可以创建以起点为中心的选区；按 Ctrl + D 组合键取消选区；按 Ctrl + Shift + D 组合键恢复选区。

2) 套索工具

套索工具适用于创建不规则的选区，主要包括套索工具、多边形套索工具和磁性套索工具。套索工具可以用来创建随意性的、边缘光滑的区域，使用时先定位一个起点，然后按住鼠标左键不放，沿着需要创建的选区形状的边缘移动鼠标，最后回到起点，松开鼠标，完成一个闭合选区的创建。多边形套索工具用来创建不规则的多边形选区，使用过程中是通过单点鼠标的方式建立许多的锚点，软件自动将锚点之间用线段连接起来，形成一个闭合选区。磁性套索工具主要用来选择图像边缘颜色差异较大的图像，一般不用此工具，因为其细节选区不够完美，需要结合其他工具来处理。

套索工具、多边形套索工具的选项栏设置与选框工具类似，在这里不作重复讲解。

注意：在使用套索工具分创建选区的时候，按住 Alt 键，可以在套索工具和多边形套索工具之间切换。

【例 3.5】 人物选取与复制。

打开一张人物侧脸图像，利用套索工具选取人物侧脸部分。建立选区，然后复制选区，新建图层，粘贴选区，并使新建图层水平翻转，实现特殊效果。具体操作步骤如下：

(1) 在 Photoshop CS5 中打开原图像，利用套索工具创建选区，如图 3-27 所示。

(2) 复制选区，新建图层，并粘贴选区，如图 3-28 所示。

图 3-27　套索工具创建选区图

图 3-28　复制选区到新图层

(3) 对图层 1 执行"编辑"→"变换"→"水平翻转"命令，如图 3-29 所示。

(4) 选择移动工具 ▶┿，移动图层 1 的人像至画布右边，最终效果如图 3-30 所示。

　　　　图 3-29　执行水平翻转　　　　　　　　　　图 3-30　完成效果图

3) 魔棒工具和快速选择工具

　　魔棒工具适用于选取图像中某些边界线比较明显的区域。魔棒工具根据颜色的饱和度、色相和亮度来判断创建选区的范围，选择颜色相近的区域，能够快速地选择大片颜色相近的区域。使用方法是选择魔棒工具后，在图像中需要选择的颜色区域中单击。

　　在使用魔棒的过程中需要配合魔棒的工具选项栏进行使用，可以在选项栏中调整容差值来控制选区的精度，选项栏还提供了其他设置，以方便创建选区。下面具体讲解魔棒工具的选项栏。

　　(1) 选区选项：魔棒工具的选区选项与选框工具使用方法相同。

　　(2) 容差设置：容差就是对颜色差异的容忍程度，数值越大，选择的颜色相近区域的范围就越大。

　　(3) 消除锯齿复选框：勾选消除锯齿复选框能使创建的选区边缘更加圆滑。

　　(4) 连续复选框：勾选连续复选框时，只有相连接的闭合区域中相同颜色的像素会被选取，如图 3-31 所示；当取消连续复选框时，整个图像中所有相同颜色的像素都会被选取，如图 3-32 所示。

　图 3-31　勾选"连续"复选框效果　　　　　图 3-32　未勾选"连续"复选框效果

　　(5) 对所有图层取样复选框：勾选该复选框是表示所有图层上面相同颜色的像素都会被选取；取消该复选框时，则只选取当前图层上相同颜色的像素。

　　快速选择工具的使用方法是基于画笔模式的，也就是说你可以"画"出所需的选区。如果是选取与边缘比较远的较大区域，就要使用较大的画笔，如果是选择边缘区域则要使用较小画笔，这样才能避免尽量选取背景像素。具体的使用方法是在需要选取的区域内拖动鼠标。下面介绍快速选择工具的选项栏的设置。

　　(1) 选区选项：快速选择工具的选区选项也与选框工具的选区选项相似，此处不再介绍。

(2) 画笔：画笔大，则创建的选区范围大；反之，则创建的选区范围小。

(3) 对所有图层取样复选框：同魔棒工具，此处不再介绍。

(4) 自动增强复选框：勾选该复选框，将减少选区边缘的粗糙度和块效应。

注意：创建选区时，按"]"可以增加画笔笔尖大小，按"["可以减少画笔笔尖大小。

2．选区的编辑

创建好选区后，有时为了使选区更加精确，需要对选区进行调整和编辑，主要包括：移动选区、羽化选区、变换选区、扩展和收缩选区等。

1) 移动选区

创建好选区后，将鼠标置入选区内，当鼠标变成白色箭头时，便可按住鼠标左键移动选区；也可以按键盘上的上、下、左、右方向键，以每次 1 像素的距离移动选区，当按住Shift 键时，每次以 10 像素的距离移动选区。

【例 3.6】 利用选区制作变色的鸡蛋。

(1) 打开素材，利用椭圆选框工具创建选区，移动选区，使其贴合鸡蛋边缘，如图 3-33所示。

(2) 配合椭圆选框工具选项栏中的选区选项，增加选区，使鸡蛋全部被选中，如图 3-34所示。

图 3-33　利用椭圆选框工具创建选区　　　　　　图 3-34　选区选中鸡蛋

(3) 执行"图像"→"调整"→"色相和饱和度"命令，打开"色相/饱和度"对话框，设置如图 3-35 所示。

(4) 点击确定，最终效果如图 3-36 所示。

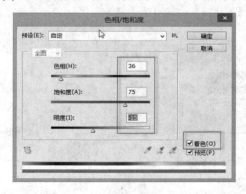 

图 3-35　调节色相/饱和度　　　　　　　　　　图 3-36　最终效果图

2) 羽化选区

羽化选区可以模糊选区的边缘，羽化半径的数值越大，边缘越模糊，但同时模糊的区域将丢失部分细节。羽化的方法有以下两种：

方法一：创建好选区后，执行"选择"→"修改"→"羽化"命令，弹出"羽化选区"对话框，在对话框中设置参数，完成后单击"确定"按钮。

方法二：在创建选区之前，选择选区工具后，先在选区工具的选项栏中设置好羽化的参数值。

3) 选区变换

创建好选区后，可以通过"自由变换"命令对选区进行旋转、变形操作；通过"变换"命令可以进行旋转、变形、透视、扭曲等操作。

(1) 自由变换：创建选区后，执行"编辑"→"自由变换"命令，选区边缘会出现 8 个控制手柄，把鼠标移动到控制手柄上，当鼠标变成双向箭头时，可以对选区进行拖拉变形，如图 3-37 所示；当鼠标变成弧形双向箭头时，可以对控制选区进行旋转，如图 3-38 所示。完成后，按 Enter 键确定。

图 3-37 使用自由变换对选区进行变形

图 3-38 使用自由变换对选区进行旋转

(2) 变换：创建选区后，执行"编辑"→"变换"命令，进入"变换"命令子菜单，可以选择对选区进行缩放、旋转、斜切、扭曲、透视等变换操作，如图 3-39 所示。

再次(A)	Shift+Ctrl+T
缩放(S)	
旋转(R)	
斜切(K)	
扭曲(D)	
透视(P)	
变形(W)	
旋转 180 度(1)	
旋转 90 度(顺时针)(9)	
旋转 90 度(逆时针)(0)	
水平翻转(H)	
垂直翻转(V)	

图 3-39 变换命令子菜单

【例 3.7】 利用选区制作带背景的窗户。

利用"自由变换"和"变换"对选区进行变形操作，并合成特殊效果。

(1) 打开素材图像，如图 3-40 所示。

(2) 利用矩形选框工具框选左边窗户，如图 3-41 所示。

图 3-40　素材图片

图 3-41　框选左边窗户

(3) 执行"编辑"→"自由变换"命令，对选区进行变形操作，完成后按回车键，如图 3-42 所示。

(4) 执行"编辑"→"变换"→"透视"命令，创造透视效果，完成后按回车键，如图 3-43 所示。

图 3-42　选区进行变形操作

图 3-43　透视效果

(5) 按上述同样方法，对右边窗户进行相应操作，完成后效果如图 3-44 所示。

(6) 利用魔棒工具并配合选区选项，选中窗户内白色区域和黑色区域，如图 3-45 所示。

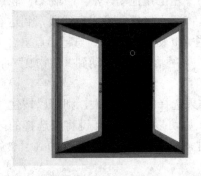

图 3-44　右边窗户制作效果

图 3-45　选中窗户内白色区域和黑色区域

(7) 双击图层面板，将背景图层转换为普通图层，然后删除选区内图像，如图 3-46 所示。

(8) 打开另一张素材图片，并且全部选中，然后按 Ctrl + C 组合键复制图像，如图 3-47 所示。

图 3-46　背景图层制作效果图　　　　　　　　图 3-47　素材图片

（9）切换到窗户素材图像，执行"编辑"→"选择性粘贴"→"贴入"，最终效果如图 3-48 所示。

图 3-48　最终合成效果图

【例 3.8】　利用选取制作蔬菜小丑。

（1）选择工具箱中的"魔棒工具"，单击"食物 2"内部，则颜色相近的部分被选中了。

（2）按住 Shift 键继续单击"食物 2"中未被选中的部分，直到食物 2 被完全选中，使用移动工具将图像移动到"食物 9"上。

（3）选择工具箱中的"套索工具"，从"食物 3"左上角拖动，沿"食物 3"轮廓拉出曲线，到达右上角时，按住 Alt 键不放，再沿"食品 3"右侧轮廓拉出直线段，到达右下角时松开 Alt 键，继续拉出曲线，到左下角时，又按住 Alt 键拖动，直到与起始点重合，松开鼠标左键，此时整个食物轮廓被选中；按住 Ctrl 键，将"食物 3"拖动到"食物 9"的下方，则图像被移动到目的位置。

（4）继续使用"套索工具"选择"食物 7"，如果选择的区域过大，则可以按住 Alt 键将多余的区域全选后去掉，如果选择的区域过小，则可以按住 Shift 键将未选择的区域包含进来，直到整个"食物 7"被选中；按住 Ctrl 键，将"食物 7"图像拖动到"食物 9"的上方。

（5）选择工具箱中的"磁性套索工具"，在"食物 5"果肉部分的左下角单击，松开鼠标按键后，沿轮廓移动，会自动产生路径和锚点。如果要增加锚点，则单击，如果要取消，则按 Delete 键。路径到达右卜角后，双击与其他路径组成一个封闭区域。按住 Ctrl 键，将选择的图像移动到"食物 9"的左侧。单击"编辑"→"自由变换"命令，对选区进行旋转和缩放，确定后按 Enter 键。按住 Ctrl + Alt 键后将图像复制拖动到"食物 9"的右侧，单击"编辑"→"变换"→"水平翻转"命令，对图像进行翻转，拖动调整图像位置。

(6) 使用"矩形选框工具"将"食物 6"全部框选，再选择魔棒工具按住 Alt 键在选区内白色部分单击，则白色部分被去除，只剩下食物图像被选择。按住 Alt 键将图像拖动到"食物 9"左侧，按住 Ctrl + Alt 键后将图像复制拖动到"食物 9"的右侧，单击"编辑"→"变换"→"水平翻转命令，对图像进行翻转，拖动调整图像位置。

(7) 单击裁剪工具，在已经组合成人脸的"食物 9"四周拖出一个矩形框，拖动锚点调整框的大小，确定后按 Enter 键。

(8) 单击"文件"→"储存为"命令，选择保存的位置，格式改为 Photoshop 格式，文件名为"食物.psd"，将最终的图像保存。

案例蔬菜原图和合成效果如图 3-49 所示。

图 3-49　蔬菜原图和最终合成效果图

3.3.4　修复画笔和图章工具

修复画笔工具组和图章工具组是 Photoshop 用于图像的局部修复和复制的常用工具，下面通过两个实例来介绍这两个工具的使用方法。

【例 3.9】　清除图片中局部内容。

(1) 在 Photoshop 中打开图片素材。原图中共有 4 个人，通过图章工具，将其中两个人物清除，如图 3-50 所示。

图 3-50　处理前后对比

(2) 单击"缩放"工具按钮，在即将清除的人物附近单击，可将图片局部区域放大。用缩放工具圈选图中需要修改的部位，将人物脚部区域准确放大，为清除操作做好准备。

(3) 单击"仿制图章"工具按钮。在参数设定栏中单击"画笔设置"按钮，打开画笔设置板，直径或输入数值调整画笔笔头的尺寸，数值越大，笔头越大；滑动硬度滑块或输入数值调整画笔笔头边缘的虚实度，数值越大笔头边缘越清晰，越小越模糊。

(4) 画笔设置完成后，按住 Alt 键，在文档窗口中适当位置处单击，获取该处的图像信息。松开 Alt 键，在图所示的大圆圈的位置处单击，该处的图像被前一个单击处的图像所替代。在前一个单击处保留着的"十"图标，清晰地表明了基础复制图像的位置。圆圈的大小为笔头大小，而笔头的大小决定了每一次复制图像的面积。

(5) 移动光标，继续在人物腿部单击，腿部图像逐渐被十字图标所指定的地面图像替换。十字图标与圆圈图标共同组成了光标，在每一次单击后保持固定的距离。

(6) 为了能够使清除人物的地面表现得更真实，需要经常变换复制点。在适当位置再次单击，可以再次定位复制点，在需要清除的图像处单击，可以以新的复制点图像覆盖原有图像。

(7) 单击"缩放"工具，按住 Alt 键在文档中单击，放大镜变为缩小镜，图像会被缩小一些，松开 Alt 键，缩放工具还原为放大镜。

(8) 这个操作需要多次尝试，积累一定经验后才能完成得好的，同时还需要一定的时间、耐心以及基本的绘制技巧。

【例 3.10】 老旧照片的修补。

(1) 打开源文件，如图 3-51 所示，单击"缩放"工具按钮，在即将清除的人物附近单击，可将图片局部区域放大。

(2) 单击工具箱中的"修复画笔工具"，选择一个要修复的斑点，按住 Alt 键，在斑点旁图像完整的地方选取颜色相近的地方单击，该像素被选中；松开 Alt 键，将鼠标移到斑点处拖动，则该斑点被修复。在工具栏中可以通过改变笔刷的属性来调节修补的范围和效果。

(3) 对于大面积的残缺，可以使用"修补工具"。

(4) 利用"仿制图章工具"进行对象的复制：选中工具箱中的"仿制图章工具"，按住 Alt 键，在照片上的纽扣上单击；松开 Alt 键，将鼠标移动到要复制的对称位置拖动，可以看到纽扣被复制过来。修复后的照片如图 3-52 所示。

图 3-51　源图像　　　　　　　　　　图 3-52　修复后的图像

3.3.5　绘图和文本工具的应用

1．绘图工具

Photoshop CS5 中的基本绘图工具有画笔工具、铅笔工具、钢笔工具、颜色替换工具、历史记录画笔工具等。这些基本绘图工具的使用是以后绘制图形时应必须具备的技能。下面介绍这些基本绘图工具的用途、特点和使用方法。

1) 画笔工具

画笔工具箱中有画笔工具、铅笔工具、颜色替换工具、混合画笔工具四种画笔工具，这里只介绍前面三种画笔工具。

画笔工具和铅笔工具是较为常用的绘图工具，使用画笔工具可以绘制柔和线条的图形，使用铅笔工具绘制的图形线条较为生硬。可以在选项栏的"画笔预设选取器"中自定义画笔的笔头、大小、硬度，也可以在选项栏中控制画笔的不透明度和流量，如图 3-53 所示。

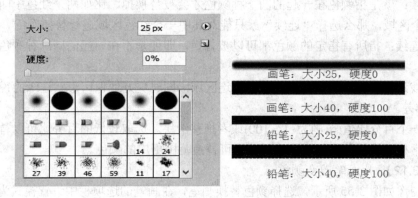

图 3-53　画笔预设选择器

使用画笔和铅笔还可对选项栏的"不透明度"和"流量"进行设置，从而控制绘制线条的样式。可以通过分别改变"不透明度"和"流量"的数值，进行对比效果，从而更好地理解两者的含义，如图 3-54 所示。

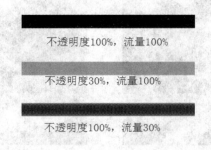

图 3-54　改变不透明度和流量的效果对比

2) 颜色替换工具

颜色替换工具是一款非常灵活及精确的颜色快速替换工具。操作的时候，我们只要先设定好前景色，并在选项栏设置好相关的参数如：模式、容差等，然后在需要替换的色块或图像上涂抹，颜色就会被替换为之前所设置的前景色。同时我们也可以用取样一次或取样背景色等更加精确的替换颜色。

下面讲解颜色替换工具选项栏的设置。

(1) 模式。

- 颜色：用前景色替换目标区域的颜色。
- 色相：用前景色的色相替换目标区的颜色的色相，而饱和度和明度保持不变。
- 饱和度：用前景色的饱和度替换目标区的颜色的饱和度，而色相和明度保持不变。
- 明度：用前景色的明度替换目标区的颜色的明度，而饱和度和色相保持不变。

(2) 取样。

- 连续：在鼠标移动时对颜色连续取样。
- 一次：只替换第一次鼠标所在区域中的颜色。
- 背景色板：只替换包含当前背景色的区域。

(3) 限制。

- 连续：就是指颜色在一起的同一种颜色才会被替换掉。比如两个红色中间被其他颜色分成两个区域，那么选择"连续"就只能对其中一个红色区域进行替换颜色。
- 不连续：指所有指定的颜色都可以被替换，即便是不在一起的同一种颜色也都会被替换。
- 查找边缘：替换包含样本颜色的相连区域，同时更好地保留形状边缘的锐化程度。

(4) 容差。

输入一个百分比值(范围为 1～100)或者拖移滑块。选取较低的百分比可以替换与所点按像素非常相似的颜色，而增加该百分比可替换范围更广的颜色。

【例 3.12】　用画笔改变颜色。

素材图像如图 3-55 所示，选择颜色替换画笔，在画笔的选项栏中设置模式为"色相"、取样选项为"一次取样"、限制选项为"连续"；切换到工具栏上的吸管工具 ，在图像上的粉色护栏上单击，将前景色设置为和粉色护栏相同的颜色；再次选中颜色替换画笔，利用画笔在图像的黄色护栏上细细涂抹，将护栏的颜色改为统一的粉色，效果如图 3-56 所示。

图 3-55　图像素材　　　　　　　　　　图 3-56　替换护栏颜色效果图

【例 3.13】　花和草的制作。

(1) 单击"文件"→"新建"命令，新建文件。

(2) 选择工具箱中的"画笔工具"，在工具选项中单击画笔右侧的小三角，在画笔预设调板中设置笔刷为"草"，直径大小约为 100，在工具箱中设置前景色为绿色，利用鼠标在图像编辑窗口单击或拖动，绘制出青草；还可以通过调整不透明度和流量来改变颜色的深浅。

(3) 选择工具箱中的"铅笔工具"，使用同样的方法设置笔刷为"散布枫叶"，颜色为红色，拖动鼠标在图像编辑窗口绘制枫叶。对比画笔和铅笔工具所绘制的图像，画笔偏软，铅笔偏硬。

(4) 在图像处理过程中，所做的每一个步骤会被记录在历史记录面板中，单击某一步骤可以退回到该步骤操作时的图像效果。

(5) 单击历史记录面板下的"创建新快照按钮"，在面板中为当前效果创建了一个快照"快照 1"，任何时候单击"快照 1"可以回到当前效果。历史记录还可以与历史记录画笔结合使用。单击"滤镜"→"艺术效果"→"底纹效果"命令，为图像设置特殊效果，单击"快照 1"左侧的方框，设置好历史记录画笔的源；在工具箱中选择"历史记录画笔工具"，在图像上涂抹，可以看到被涂抹过的图像恢复到"快照 1"记录的效果。

(6) 单击"文件"→"储存为"命令，选择保存文件的位置，选择存储格式，文件名为"草与叶.psd"，将最终的图像保存。至此案例完成，效果如图 3-57 所示。

图 3-57　花草绘图效果

2．利用钢笔工具绘制图形

钢笔工具箱中包括钢笔工具、自由钢笔工具、添加锚点工具、删除锚点工具、转换点工具。利用钢笔工具箱中的工具可以创建路径，对路径进行编辑，且路径不受分辨率的影响。学会钢笔工具的使用，以后就可以随意勾出自己想要的曲线路径。

钢笔工具是通过手动点击设置锚点的方式来绘制路径，而自由钢笔工具采取拖动鼠标的方式绘制路径，由系统自动为路径添加锚点。两者之间类似于多边形套索工具和磁性套索工具之间的区别。另外，自由钢笔工具的选项栏带"磁性的"复选框，而钢笔工具没有。在进行抠图时，自由钢笔工具可以结合磁性的选项，自动贴合边缘。

路径是由锚点连接而成的。锚点分成两种类型，一种是直线型锚点，一种是曲线型锚点。曲线型锚点是带方向柄的，而直线型锚点则没有，两者可以通过转点工具进行转换。创建直线型锚点的方法是选择钢笔工具后，在图上单击即可；创建曲线型锚点则是单击后按住鼠标不放，拖出方向线后，再松开鼠标。方向线由来向和去向共同组成。

【例 3.13】 利用钢笔工具绘制一个五角形路径。

(1) 打开 Photoshop，新建一个文件，选择钢笔工具，创建 10 个直线型锚点，如图 3-58 所示。

(2) 现在的形状和我们脑海中的五角星的形状还有很大差异，可以选择工具箱中的直接选择工具 ，对 10 个锚点的位置进行调整，可以执行"视图"→"显示"→"网格"命令，显示网格，帮助调整定位，调整好后如图 3-59 所示。

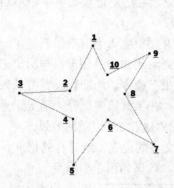

图 3-58　创建 10 个直线型锚点的五角星

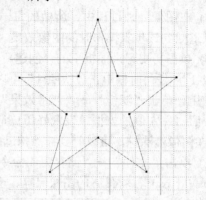

图 3-59　锚点位置调整

【例 3.14】　利用钢笔工具绘制一个心形。

(1) 打开 Photoshop，新建一个文件，选择钢笔工具，绘制过程如图 3-60 所示。

图 3-60　心形的初步绘制过程

(2) 从外形上看，绘制的图形和我们要画的心型一点也不像，选择直接选择工具 对锚点的位置进行调整，并且对锚点的方向柄也进行调整，如图 3-61 所示。

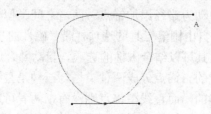

图 3-61　锚点位置调整

(3) 继续调整。按住 Alt 键，用直接选择工具 拖动 A 点，如图 3-62 所示。

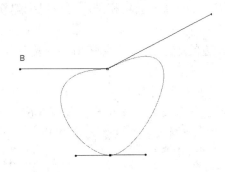

图 3-62　锚点位置调整

(4) 同样的拖动 B 点，再仔细调整，就能绘制出如图 3-63 所示的心形。

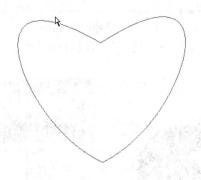

图 3-63　绘制出心形图案

3. 形状工具

利用形状工具可以绘制各种的基本形状和复杂形状。形状工具包括矩形工具、圆角矩形工具、椭圆工具、多边形工具、直线工具和自定义工具。下面以矩形工具为例，讲解矩形工具选项栏的设置，如图 3-64 所示。其他工具的选项栏与矩形工具有很大的相似性，不一一讲解。

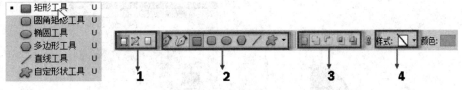

图 3-64　形状工具栏

(1) 绘制状态：有形状图层、路径和填充像素 3 个选项，分别代表以不同的方式绘制矩形，从而可以根据不同的需要进行选择。默认设置为形状图层，会自动创建图层，并且自带蒙版。路径和填充像素则是在原图层上进行绘制。

(2) 工具转换：可以在钢笔工具和形状工具之间进行切换。

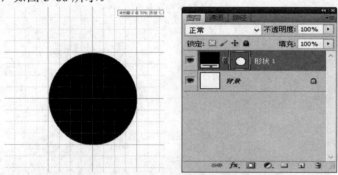

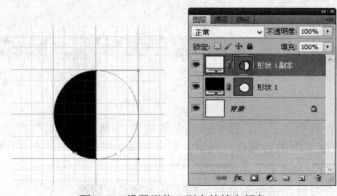

（3）选区选项：与选框工具的选区选项相同。可以以创建新形状、增加形状、减去形状、交叉和重叠的方式创建形状。

（4）样式：单击样式右边的下三角形，会弹出样式拾色器，可以在其中选择需要的样式。

【例 3.15】 利用形状工具绘制图形。

（1）打开 Photoshop，新建图像文件，参数设置如图 3-65 所示。

图 3-65　新建图像文件

（2）执行"视图"→"显示"→"网格"，选择椭圆形状工具，绘制状态默认为形状图层，绘制一个圆，如图 3-66 所示。

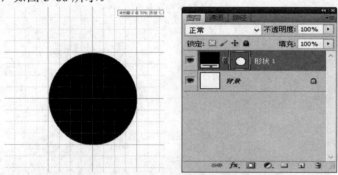

图 3-66　在形状图层下绘制圆

（3）复制形状 1 图层，然后选择矩形形状工具，设置选项栏的选区选项为"交叉"，在黑色圆的一半处绘制一个矩形，并利用工具箱中的直接选择工具 ，调整矩形的大小，并设置形状 1 副本的填充颜色为白色，如图 3-67 所示。

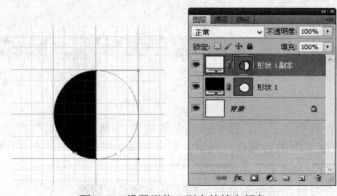

图 3-67　设置形状 1 副本的填充颜色

（4）选择钢笔工具箱中的添加锚点工具 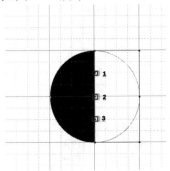，在形状 1 副本层的形状路径上添加 3 个锚点，如图 3-68 所示。

（5）选择工具箱中的直接选择工具 ，将 1 号锚点向右拖动，3 号锚点向左拖动，并仔细调整，如图 3-69 所示。

图 3-68　添加锚点

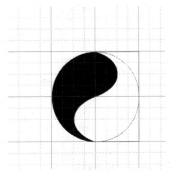

图 3-69　调节锚点

（6）选择椭圆形状工具，分别再绘制一黑一白两个小圆，如图 3-70 所示。

（7）最终绘制的图形如图 3-71 所示。

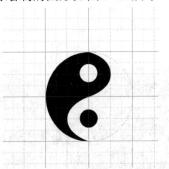

图 3-70　绘制一黑一白两个小圆

图 3-71　最终绘制完成图形

4．文字工具

利用文字工具可以在图像中录入横排文字和竖排文字。文字工具包括：横排文字工具、直排文字工具、横排文字蒙版工具、直排文字蒙版工具。文字录入完成后，还可以通过"字符"面板和"段落"面板对文字进行设置。打开字符和段落面板的方法是执行"窗口"→"字符"命令，就可以打开字符和段落面板，如图 3-72 和图 3-73 所示。

图 3-72　字符面板

图 3-73　段落面板

1）变形文字

对字体进行各种变形是图像处理中经常使用的方式。选择横排文字工具，在选项栏中单击"创建文字变形"按钮，弹出"变形文字"对话框，在对话框中可以对文字进行变形设置，设置完成后，单击确定，如图 3-74 所示。

图 3-74　变形文字对话框

2）路径文字

路径文字是随着路径的变化而变化的。通过在图像中添加路径，然后沿着路径输入文字即可创建路径文字。

【例 3.16】　创建路径文字。

(1) 在 Photoshop 中打开一张背景图像，如图 3-75 所示。

(2) 利用形状工具创建路径，如图 3-76 所示。

图 3-75　素材图片　　　　　　　　　图 3-76　创建心形路径

(3) 选择工具箱的横排文字工具图标，将鼠标移动到新建的心形路径内，当指针变成 时，开始录入文字，如图 3-77 所示。

(4) 再创建一个同样的心形路径，如图 3-78 所示

图 3-77　在心形路径内录入文字　　　　　图 3-78　创建同样的心形路径

(5) 选择工具箱的横排文字工具图标，将鼠标移动到新建的心形路径上面，当指针变成 ▓ 时，开始录入文字，如图 3-79 所示。

图 3-79 在心形路径上录入文字

3.3.6 图层

1．图层的基本概念

什么是图层呢？图层就好比人们日常生活中书写绘画所用的纸张，不过这种纸张是一个没有厚度、透明的电子纸张，把这种电子纸张称为"图层"。图像中每一个独立的元素，都被放置在不同的图层中，当对其中的元素单独处理时，不会影响到其他部分。根据图像的效果要求可以将各个图层通过不同的模式混合到一起，使其产生千变万化的效果。Photoshop 中的图层与动画片的场景相似，都是在透明的介质上作画，底层用来绘制背景，在背景上绘制中景，在中景上面是近景或人物。最前面的主体会依次遮挡住后面的图像，因为它们都是独立的单元，所以任意移动其中一层的位置和添加造型时，不会影响到其他的图层。此外，还可以在图层面板中对图层进行顺序调换、添加图层样式、添加图层蒙板以及隐藏局部或添加效果等一系列操作。

2．图层类型

在 Photoshop 中，图层分为背景图层、普通图层、填充图层、调整图层、形状图层、文字图层几种类型。限于篇幅，本书不单独讲解每种图层的作用与特点，而是将图层类型的相关知识融入案例操作进行讲解。

3．图层图像的合成

【例 3.17】 钟表图像合成。

(1) 启动 Photoshop，依次打开"键盘.jpg"、"仪表.jpg"、"圆环.jpg"、"时钟.jpg" 4 个素材文件，如图 3-80 所示。

(2) 选中工具箱中的"魔棒工具"，选择"圆环.jpg"所在的图像编辑窗口，在圆环内白色区域单击，按住 Shift 键，在圆环外部的白色区域单击，这两处白色区域被选中；单击"选择"→"反向"命令，选中圆环本身，单击"编辑"→"拷贝"命令，选择"键盘.jpg"所在的图像编辑窗口，点击"编辑"→"粘贴"命令，圆环图像被粘贴进来。打开图层面板，可以看到目前存在两个图层，最下面是背景图层，即原图像的图层，一个文件只能有一个背景图层；另一个是粘贴进来的图像图层，双击它的名字，将其改为"圆环"。

图 3-80　图层制作素材图

(3) 利用同样的方法将"时钟.jpg"、"仪表.jpg"复制到"键盘.jpg"所在的图像编辑窗口，观察图层面板，又增加了两个图层，将他们分别改名。观察图层面板和图像窗口，上层图像中不透明的部分将下层图像遮挡，而透明部分则可以让下层的图像显示出来。拖动图层面板中的缩略图，可以改变图层之间的关系，将时钟拖到仪表图层的下方。

(4) 单击"文件"→"储存为"命令，选择文件保存位置，保存为"图像合成.psd"。

(5) 单击图层面板中的"时钟"图层，在图层面板中设置图层的混合模式为变亮，不透明度为 90%。

(6) 单击仪表图层，选择移动工具，拖动仪表图像将其向左下方移动，用同样的方法将圆环向上移动，时钟图像向下移动，按住 Ctrl，单击图层面板中的圆环和时钟图层，将他们同时选中，单击图层面板左下角的"链接图层"按钮，将两个图层连接在一起，这样就可以将两个图层一起移动或变换。

(7) 选中时钟图层，单击"编辑"→"自由变换"命令，拖动图像周围的锚点改变图像的大小和角度。完成后按 Enter 键，可以看到两个链接图层是一起转变的。

(8) 选中背景图层，单击图层面板中的"新建图层工具"，在工具选项栏中选择线性渐变。单击渐变预视图标，图像中出现了颜色渐变效果，从右向左逐渐减淡，将图层的不透明度设置为 60%，被遮挡的下层的键盘也显现出来了。

(9) 单击工具箱中的横排文字工具，在工具选项栏中将字体设置为"Arial Black"，字体设置为"72 点"，颜色为"黄色"。在图层面板中选中最上层的仪表图层，用鼠标在图像左上角单击，输入文字"BJ2008"，这时在图层面板中出现了一个文字图层。

(10) 保持文字图层被选中，单击图层面板下方的"添加图层样式"按钮。在弹出菜单中选择"斜面与浮雕"，在"图层样式"对话框中可以修改各项参数。单击"文件"→"储存命令"，将最终图像保存，至此案例完成，完成效果如图 3-81 所示。

图 3-81　合成效果

【例 3.18】　利用变亮混合模式对图像进行简单合成。

(1) 在 Photoshop 中打开素材 1 和素材 2，如图 3-82 所示。

素材 1

素材 2

图 3-82　素材图片

(2) 按 Ctrl + A 全选图像素材 2，再按 Ctrl + C 复制图像素材 2，然后切换到图像素材 1，按 Ctrl + V 粘贴图像素材 1，并设置图层混合模式为变亮，如图 3-83 所示。

图 3-83　设置图层混合模式变亮

(3) 混合后，图像取两张图像中亮度较高的像素作为显示结果。

(4) 选择工具箱中的橡皮擦工具，将混合图像中不需要参加混合的区域擦除掉，如图 3-84 所示。

(5) 最终合成的图像效果如图 3-85 所示。

图 3-84　擦除不需要混合区域

图 3-85　最终合成的图像效果

3.3.7 图层蒙版及应用

蒙版是 Photoshop 的核心功能之一，主要用于显示和隐藏图像。原理是通过控制像素不透明度的方式，对部分图像进行遮盖，在需要的时候也可以显示。蒙版图层可以理解为在当前图层上面覆盖一层玻璃片，这种玻璃片有：透明的、半透明的、完全不透明的，然后用各种绘图工具在蒙版上(即玻璃片上)涂色(只能涂黑白灰色)。涂黑色的地方蒙版变为不透明的，看不见当前图层的图像；涂白色则使涂色部分变为透明的可看到当前图层上的图像；涂灰色使蒙版变为半透明，可以若隐若现地看到当前图层的图像，半透明的程度由涂色的灰度深浅决定。

蒙版分为图层蒙版、矢量蒙版、剪贴蒙版和快速蒙版 4 种类型，应用蒙版不仅可以进行图像选择，还可以制作其他的特殊效果，如下雨、云雾、雷电等自然景观以及渐隐效果等。

1. 快速蒙版

快速蒙版是一个临时性的蒙版，利用快速蒙版可以快速地选择图像。当蒙版区域转换为选择区域时，蒙版自动消失。快速蒙版的基本操作如下：

(1) 在图像窗口中单击工具箱中的按钮，可以为当前图像建立快速蒙版。此时在通道面板中出现一个临时的快速蒙版通道。

(2) 单击工具箱中的按钮，可将蒙版中未被遮住的部分转换为选择区域，同时通道面板中的临时蒙版通道消失。

(3) 双击工具箱中的按钮或通道面板中的临时通道，将打开"快速蒙版选项"对话框，选择"被蒙蔽区域"，遮蔽的区域不被选中。

(4) 选择"所选区域"，遮蔽的区域被选中。

(5) 单击"颜色"，可设置蒙版的颜色。

(6) 利用画笔工具或橡皮工具可以编辑快速蒙版。当用画笔涂抹时，涂抹区域呈红色，表示增加蒙版区域；当用橡皮涂抹时，表示减少蒙版区域。

快速蒙版选择图像的效果如图 3-86 所示。

图 3-86 快速蒙版形成效果

2. 蒙版图层

1) 创建图层蒙版

方法一：打开图像后，将背景图层转换为普通图层，然后执行"图层"→"图层蒙版"命令，进入"图层蒙版子菜单"选择"显示全部"或"隐藏全部"，如图 3-87 所示。

图 3-87　创建图层蒙版的图层面板

　　方法二：打开图像后，将背景图层转换为普通图层，然后点击图层面板下方的"添加图层蒙版"按钮 ，为图像添加显示全部的图层蒙版，效果如图 3-88 所示。

图 3-88　创建图层蒙版后的效果图

2) 删除蒙版

　　方法一：单层图层面板中的蒙版缩略图，将其拖动到图层面板下方的"删除图层"按钮处，系统会弹出提示对话框，单击"删除"按钮即可删除蒙版，如图 3-89 所示。

图 3-89　删除蒙版方法 1

　　方法二：选择图层蒙版中的蒙版缩略图并右击，在弹出的快捷菜单中选择"停用图层蒙版"命令，即可将图层蒙版暂时停用；选择图层蒙版中的蒙版缩略图并右击，在弹出的快捷菜单中选择"删除图层蒙版"命令，即可删除图层蒙版，如图 3-90 所示。

图 3-90　删除蒙版方法 2

【例 3.20】　利用图层蒙版进行图像的简单合成。

(1) 在 Photoshop 中打开两张图像素材，如图 3-91 所示。

图 3-91　合成素材 1 和 2

(2) 切换到图像素材 2，执行"选择"→"全部"，再按 Ctrl + C 组合键，复制图像，然后切换到图像素材 2，按 Ctrl + V 组合键，粘贴图像，素材 2 的图像位于图层 1 上，遮住了素材 1 的图像，如图 3-92 所示。

图 3-92　粘贴图像

(3) 选择图层 1，为图层 1 增加图层蒙版，如图 3-93 所示。

图 3-93　增加图层蒙版

(4) 选中图层蒙版的缩略图，然后在工具箱中选择画笔工具 ，设置前景色为黑色，使用画笔在蒙版上进行涂抹，如图 3-94 所示。

图 3-94　用画笔在蒙版上进行涂抹

(5) 此时已经用素材 2 的天空替代了素材 1 的天空，实现了图像的简单合成，但是稻田的色相、亮度和夕阳不符，需要调整。按 Ctrl 键，在图层 1 的蒙版缩略图上单击鼠标，创建选区，然后执行"选择"→"反选"命令，再选中背景图层，点击"创建新的填充或调整图层"按钮 ，创建"色彩平衡"调整图层，并设置参数如图 3-95 所示。

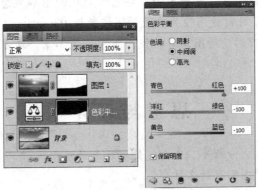

图 3-95　创建色彩平衡调整图层

(6) 按 Ctrl 键，在色彩平衡调整图层的蒙版缩略图上单击鼠标，创建选区，点击"创建新的填充或调整图层"按钮 ，创建"曲线"调整图层，调整曲线，如图 3-96 所示。

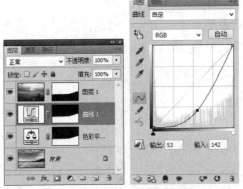

图 3-96　创建曲线调整图层

(7) 最终效果如图 3-97 所示。

图 3-97　合成效果图

本 章 小 结

　　本章主要讲解了图像像素、分辨率等数字图像处理的基本概念，图像文件的格式以及图像的获取方式。介绍了目前使用较为广泛的图像软件 Photoshop CS5，并重点讲解了选区的创建与调整、图层的应用、绘图工具的使用。学习完本章，学习者可以进行对图形图像等基础的设计与制作。

思 考 与 设 计

(1) 什么叫图像像素、分辨率、色相、饱和度和亮度？

(2) 位图图像和矢量图形有什么区别？

(3) 目前常见的图像文件格式有哪些？各有什么特点？

(4) 数字图像获取的方式和设备主要有哪些？

(5) Photoshop 中的图层主要有哪几种类型？

设计制作题

(1) 用自己的一张照片与另外几张图片，利用图层设计一张相册的封面。

(2) 自行准备素材，设计一幅学校或者班级活动的广告宣传画。

第 4 章　多媒体音视频技术

本章导读

内容提示：本章介绍多媒体数字音频、视频技术，包括数字音视频基础、常见视频文件格式、视频压缩标准及方法、数字视频的采集、视频处理及视频新技术以及音频的基本编辑方法。

学习要求：掌握音视频的基本概念，了解视频压缩的原理与方法，掌握数字视频文件格式标准。

4.1　数字视频基础

4.1.1　视频的基本概念

1. 视频的定义

视频是指连续随时间变化的一组图像，也称为运动图像或活动图像。由于人的眼睛存在一种视觉残留现象，即物体的映像在眼睛的视网膜上会保留大约 0.1 秒的短暂时间。因此，只要将一系列连续的图像以足够快的速度播放，人眼就会觉得画面是连续活动的。

Video：Video 一词(源自于拉丁语的"我看见")通常指各种动态影像的储存格式，例如：数位视频格式，包括 DVD、QuickTime 与 MPEG-4，以及类比的录像带，包括 VHS 与 Betamax。

帧：帧是一个完整且独立的窗口视图，作为要播放的视图序列的一个组成部分。它可能占据整个屏幕，也可能只占据屏幕的一部分。

帧速率：帧速率为每秒播放的帧数，两幅连续帧之间的播放时间间隔即延时通常是恒定的。在什么样的帧速率下会开始产生平稳运动的印象取决于个体与被播放事物的性质。通常，平稳运动印象大约开始于每秒 16 帧的帧速率，电影为 24 帧/秒，美日电视标准为 30 帧/秒，欧洲为 25 帧/秒，HDTV 为 60 帧/秒。

2. 视频的分类

按照处理方式不同，视频可以分为模拟视频和数字视频两种。

1) 模拟视频

模拟视频是用于记录视频图像和声音，并随时间连续变化的电磁信号。早期的视频都是采用模拟方式存储、处理和传输的。但模拟视频在复制、传输等方面存在不足，也不利于分类、检索和编辑。

2）数字视频

数字视频是将模拟视频信号进行数字化处理后得到的视频信号。数字视频与模拟视频相比在存储、复制、编辑、检索和传输等方面有着不可比拟的优势。数字化后的视频具有便于编辑处理，有利于视频再现，便于分类和检索的优点。

4.1.2　视频信号的可视表示

纵横比是视频宽与高的比例关系，如图 4-1 所示。传统视频都采用宽比高为 4∶3 的比例，如我们常用的 600×480、800×600、1024×768 等屏幕分辨率。

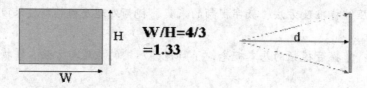

图 4-1　视频的纵横比

视频能以交错扫描或循序扫描来传送。交错扫描是早年广播技术不发达、带宽甚低时用来改善画质的方法，NTSC、PAL 与 SECAM 皆为交错扫描格式。在循序扫描系统当中，每次画面更新时都会刷新所有的扫描线。为了将原本为交错扫描的视频格式(如 DVD 或类比电视广播)转换为循序扫描显示设备(如 LCD 电视、LED 电视等)可以接受的格式，许多显示设备或播放设备都具备有去交错的程序。但是由于交错信号本身特性的限制，去交错无法达到与原本就是循序扫描的画面同等的品质。

视频分辨率，即各种电视规格分辨率比较视频的画面大小称为"分辨率"。数位视频以像素为度量单位，而类比视频以水平扫描线数量为度量单位。标清电视频号分辨率为720/704/640×480i60(NTSC)或 768/720×576i50(PAL/SECAM)。新的高清电视(HDTV)分辨率可达 1920×1080p60，即每条水平扫描线有 1920 个像素，每个画面有 1080 条扫描线，以每秒钟 60 张画面的速度播放。

4.1.3　模拟电视制式与信号类型

1. 模拟电视制式

NTSC(全国电视系统委员会制式)：基于调幅技术，30 帧/秒，525 线，美国、日本使用。

PAL(逐行倒相制式)：基于调幅技术，25 帧/秒，625 线，中国、西欧使用。

SECAM(顺序与存储彩色电视系统)：基于调频技术，25 帧/秒，625 线，法国、东欧使用。

2. 模拟视频信号类型

(1) 高频或射频信号：电视节目的信号在空中传输前，必须被调制成高频或射频信号，每个信号占用一个频道，以防止多路节目互相干扰。PAL 制式的每个频道占用 8 MHz 带宽，NTSC 制式的每个频道占用 4 MHz 带宽。传统无线电视、有线电视都是使用这种信号进行传输的。

(2) 复合视频信号：它是将电视信号中的亮度、色差和同步信号复合而成的单一信号，即将全电视信号分离出伴音后的信号。由于复合视频信号中的色度和亮度是间插在一起的，因此在重放时很难恢复原有的色彩。这种信号的带宽较低，一般只有水平 240 线左右的分辨率。

(3) 分量视频信号：它将视频中的每个基色分量，如 RGB、YUV 或 YIQ 分别作为独立的信号进行传送。

(4) S-Video 信号：它是一种两分量视频信号，将亮度和色度信号分为两路进行传送，是复合信号和分量信号之间的一种折中方案。由于减少了色度和亮度信号的相互干扰，S-Video 信号的水平分辨率可达 420 线，比复合信号的效果要好得多。

如图 4-2 所示，为各类视频信号线实例图。

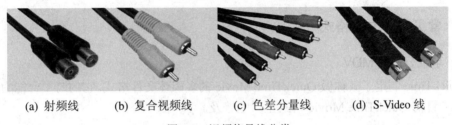

　　(a) 射频线　　　(b) 复合视频线　　　(c) 色差分量线　　　(d) S-Video 线

图 4-2　视频信号线分类

4.1.4　视频的数字化

视频数字化是指以一定的速度对模拟视频信号进行采样、量化等处理生成数字信号的过程，该过程主要包括色彩空间的转换、光栅扫描的转换以及分辨率的统一等。

模拟视频数字化的方法主要有复合数字化和分量数字化两种，目前使用得较多的是后一种。分量数字化法先把复合视频信号中的亮度和色度分离，得到 YUV 或 YIQ 分量，然后用三个模/数(A/D)转换器对三个分量分别进行数字化处理，最后再转换成 RGB 空间。

电视图像的数字化通常有以下两种：

(1) 先从复合彩色电视图像中分离出彩色分量，如 YUV、YIQ、RGB，然后用三个 A/D 转换器分别对之进行数字化处理。

(2) 用一个高速 A/D 转换器对彩色信号进行数字化处理，然后在数字域中进行分离，获得分量数据。

4.1.5　视频编码技术标准

由于视频数字化后的数据量十分巨大，因此必须对数字视频进行压缩编码，所以视频编码技术也称为视频压缩技术。目前最常用的视频编码标准是 MPEG 和 H.26x 标准两大类。

1. MPEG 标准

MPEG 的全称是 Moving Picture Experts Group(运动图像专家组)，是国际标准化组织(ISO)和国际电工委员会(IEC)建立的联合技术委员会 1(JTC1)的第 29 分委员会(SC29)的第 11 工作组。目前已经公布和正在制定的标准有 MPEG-1、MPEG-2、MPEG-4、MPEG-7 和 MPEG-21，它已经成为影响最大的视频编码技术标准。

MPEG-1 被广泛地应用在 VCD 的制作和一些视频片段下载的网络应用上面,大部分的 VCD 是用 MPEG-1 格式压缩的(刻录软件自动将 MPEG-1 转为.DAT 格式),使用 MPEG-1 的压缩算法,可以把一部 120 分钟长的电影压缩到 1.2 GB 左右大小。MPEG-2 则是应用在 DVD 的制作,同时在一些 HDTV 和一些高要求视频编辑、处理上面也有相当多的应用。使用 MPEG-2 的压缩算法压缩一部 120 分钟长的电影可以压缩到 5～8 GB 的大小。

2．H.26x 标准

H.26x 标准是指由国际电信同盟远程通信标准化组(ITU-T)制定的一系列视频编码标准,该组织的前身是国际电报与电话咨询委员会(CCITT)。H.26x 主要应用于实时视频通信领域,包括 H.261、H.262、H.263 和 H.264 等标准,其中 H.262 标准等同于 MPEG-2 标准,H.264 标准则被纳入了 MPEG-4 标准的第 10 部分。

4.1.6　常见视频文件格式

1．苹果公司的 MOV

QuickTime 制定了其称做 QuickTime Movie 的多媒体文件格式。它的跨平台能力是毋庸置疑的,目前 QuickTime Movie 格式正日趋普及。

2．微软的 AVI

AVI 文件格式是从微软公司 WIN3.1 就开始出现的生命力不息的旧视频格式,采用的是音频视频交错技术。其算法具有可伸缩性,兼容好、调用方便、图像质量好,但是文件体积过于庞大。

3．RealNetwork 公司的 RM

RM 是 RealNetworks 公司所制定的视频压缩规范 RealMedia 中的一种。RealMedia 是目前 Internet 上最流行的跨平台的客户/服务器结构多媒体应用标准,其采用音频/视频流和同步回放技术实现了网上全带宽的多媒体回放技术。在 Real Media 规范中主要包括三类文件：RealAudio、Real Video 和 Real Flash。

4．MPEG-4

MPEG-4 采用最新视频压缩方案,有 DivX 和 Microsoft 两个版本。DivX 的制作者是一名国外的电脑玩家,而 DivX 其实是由 Microsoft 的 MPEG-4 视频格式与 MP3 音频格式结合而成的。

5．ASF

ASF 是一种数据格式,最大优点就是体积小,因此适合网络传输,使用微软公司的最新媒体播放器(Microsoft Windows Media Player)可以直接播放该格式的文件。

6．WMV

WMV 是 Microsoft 公司出品的视频格式文件,希望用其取代 QuickTime 之类的技术标准以及 WAV、AVI 之类的文件扩展名。

7．FLV

FLV 流媒体格式是一种新的视频格式,全称为 Flash Video。由于它形成的文件极小、

加载速度极快，使得网络观看视频文件成为了可能。它的出现有效地解决了视频文件导入
Flash 后，使导出的 SWF 文件体积庞大而不能在网络上很好使用等缺点。目前各在线视频
网站都采用此视频格式，如新浪、56、优酷、土豆、酷 6、帝途、YouTuBe 等。

4.2　数字视频的采集与处理

4.2.1　视频采集系统

1．视频的采集

视频采集是指通过视频采集设备将模拟视频转换成数字视频，并以数字视频文件格式
保存下来。一个视频采集系统主要包括视频信号源设备、视频采集设备以及配置有大容量
存储设备和视频处理软件的高性能计算机系统。提供视频信号的设备主要有录像机、摄像
机、电视机或电视卡等；对模拟视频信号进行采集、量化和编码的设备主要是视频采集卡；
编码后的数字视频数据则由计算机来接收和记录。在这些设备中，最重要的是视频采集
卡，它不仅提供接口来连接模拟视频设备和计算机，还能够将模拟视频信号转换成数字
视频数据。

从视频信号源发出的模拟信号由视频接口进入采集卡后，经过模数转换，送到多制式
数字解码器进行解码；解码后的 YUV 信号经转换变为 RGB 信号后，被送入视频处理芯片，
并实时存储在帧存储器中，通过算法完成对视频图像的编辑和处理；视频输出的 RGB 信号
与 VGA 显示卡的 RGB 信号叠加后，经过模数转换变成模拟信号在显示器窗口中进行显示。
由于数字视频的数据量巨大，因此视频采集卡一般还提供了对视频数据的压缩功能。

2．视频的采集过程

设置音频和视频源，将视频源设备的视频输出与采集卡相连、音频输出与声卡相连；
准备好多媒体计算机系统环境，启动采集程序、预览采集信号、设置采集参数后进行采集；
播放采集的视频数据，如果丢帧严重可以修改采集参数或优化采集环境后重新采集，直到
满足要求；根据需要对采集的原始数据进行简单的编辑，如剪切掉起始处、结尾处和中间
部分无用的视频序列，减少存储空间的占用。

4.2.2　非线性编辑系统

非线性编辑系统是相对于传统的使用磁带和电影胶片的线性编辑系统而言的。由于传
统的线性编辑系统将视频信号顺序记录在磁带等介质上，因此在编辑时也必须顺序查找所
需的视频画面。而非线性编辑系统将数字化的视音频信号记录在硬盘等介质上，可以对任
意一帧画面进行随机读取和存储，从而可以实现编辑的非线性化。

非线性编辑系统将传统的电视节目制作系统中的各种设备集成于一台计算机内，利用
非线性编辑软件，如 Premiere、Vegas 等，对视频图像和声音进行编辑处理，再将编辑好的
信号录制在磁带上。

与传统的编辑系统相比，非线性编辑系统的设备更加小型化、功能集成度更高，可以
任意地剪辑、修改、复制、调动画面顺序且都不会引起画面质量的下降，克服了传统设备

的致命弱点。随着计算机技术的发展，非线性编辑系统的价格不断下降，利用一台多媒体计算机、一套视频转换卡和一套编辑软件就可以组建一个初级的非线性编辑系统。

4.2.3　常用视频编辑处理软件

常用的视频编辑处理软件 Primere 是 Adobe 公司开发的一种非线性视频编辑软件，它可以配合多种硬件对视频进行捕获和输出，能对视频、声音、动画、图像、文本等多种素材进行编辑加工，并生成广播级的影视文件。目前非专业人员常用的是 Ulead 公司开发的会声会影(Corel VideoStudio)视频编辑软件(见视频实验部分)，用户可以利用截取、编辑、特效、覆叠、标题、音频与输出等七大步骤，把影片、图片、声音等素材结合成视频文件。最新版的会声会影支持多种视频格式以及多种摄影器材。

4.3　视频新技术简介

4.3.1　HD 高清技术

HD 高清是英文"High Definition"的中文缩写形式，意思是"高分辨率"，共有四个含义：高清电视，高清设备，高清格式，高清电影。DVD 给了我们 VCD 时代所无法比拟的视听享受，但随着技术的进步和人们需求的不断跟进，人们对视频的各项品质提出了更高的要求。通常把物理分辨率达到 720p 以上的格式称为高清，英文表述 High Definition，简称 HD。所谓全高清(Full HD)，是指物理分辨率高达 1920×1080 的逐行扫描，即 1080p 高清，是目前顶级的高清规格。

1. HDTV

HDTV 是 High Definition Television 的简称，翻译成中文是"高清晰度电视"的意思。HDTV 技术源于 DTV(Digital Television)"数字电视"技术，HDTV 技术和 DTV 技术都是采用数字信号，而 HDTV 技术属于 DTV 的最高标准，拥有最佳的视频、音频效果。HDTV 与当前采用模拟信号传输的传统电视系统不同，HDTV 采用了数字信号传输。由于 HDTV 从电视节目的采集、制作到电视节目的传输，以及到用户终端的接收全部实现了数字化，因此 HDTV 给我们带来了极高的清晰度，分辨率最高可达 1920×1080，帧率高达 60fps，这些都是目前的 DVD 所无法比拟的。除此之外，HDTV 的屏幕宽高比也由原先的 4∶3 变成了 16∶9，若使用大屏幕显示则有亲临影院的感觉。同时由于运用了数字技术，信号抗噪能力也大大加强了，在声音系统上，HDTV 支持杜比 5.1 声道传送，带给人 Hi-Fi 级别的听觉享受。同模拟电视相比，数字电视具有高清晰画面、高保真立体声伴音、电视信号可以存储、可与计算机完成多媒体系统、频率资源利用充分等多种优点，诸多的优点也必然推动 HDTV 成为家庭影院的主力。HDTV 有三种显示格式，分别是：720P(1280×720，非交错式，场频为 24、30 或 60)，1080i(1920×1080，交错式，场频 60)，1080P(1920×1080，非交错式，场频为 24 或 30)，不过从根本上说这也只是继承模拟视频的算法，主要是为了与原有电视视频清晰度标准对应。对于真正的 HDTV 而言，决定清晰度的标准只有两个：分辨率与编码算法，其中网络上流传的以 720P 和 1080 i 最为常见。

高清标准：美国的高清标准主要有两种格式，分别为 1280×720p/60 和 1920×1080 i/60；欧洲倾向于 1920×1080i/50；其中以 720p 为最高格式，行频支持为 45 kHz，而 1080 i/60 Hz 的行频支持只需 33.75 kHz，1080 i/50 Hz 的行频要求就更低了，仅为 28.125 kHz。我们经常看到的 HDTV 分辨率是 1280×720 和 1920×1080，这对于如今的显示器而言的确是不小的考验，如果分辨率进一步提高，那么将很难在现有的显示器上获得更加出色的画质，因为此时的瓶颈在于显示设备。另外可以肯定的是，对于 32 英寸以下的屏幕而言，1920×1080 分辨率基本已经达到人眼对动态视频清晰度的分辨极限，也就是说再高的分辨率也只有在大屏幕显示器上才能显现出优势。

除了分辨率是 HDTV 的关键，编码算法也是不可忽视的环节。HDTV 基本可以分为 MPEG2-TS、WMV-HD 和 H.264 这三种算法，不同的编码技术自然在压缩比和画质方面有着区别。相对而言，MPEG2-TS 的"压缩比"较差，而 WMV-HD 和 H.264 更加先进一些。而十分容易理解的是，"压缩比"较差的编码技术对于解码环境的要求也比较低，也就是说在硬件设备方面的要求可以降低。

2．BD 与 HDDVD

BD (Blu-Ray Disc)，称为蓝光(Blu-ray)或蓝光盘(Blu-ray Disc，缩写为 BD)，利用波长较短(405 nm)的蓝色激光读取和写入数据，并因此而得名。而传统 DVD 需要光头发出红色激光(波长为 650 nm)来读取或写入数据，通常来说波长越短的激光，能够在单位面积上记录或读取更多的信息。因此，蓝光极大地提高了光盘的存储容量，对于光存储产品来说，蓝光提供了一个跳跃式发展的机会。目前为止，蓝光是最先进的大容量光碟格式，BD 激光技术的巨大进步，使你能够在一张单碟上存储 25～50 GB 的文档文件。这是现有 (单碟)DVD 的数倍。在速度上，蓝光允许 1 到 2 倍或者说每秒 4.5 至 9 兆的记录速度。在技术上，蓝光刻录机系统可以兼容此前出现的各种光盘产品。蓝光产品的巨大容量为高清电影、游戏和大容量数据存储带来了可能和方便，这也将在很大程度上可以促进高清娱乐的发展。

2007 年底，索尼公司在中国推出第一款配置蓝光 DVD 的高清播放器 BDP-S300/BM。蓝光播放器开启了蓝光在中国商业化的运用，在此前的 PlayStation 3 取得的骄人成绩为蓝光与 HD-DVD 的标准之战奠定了基础。但是，这款 DVD 高达 5000RMB 的售价让众多消费者望而却步，成本的桎梏使得 BlueRay 地普及还有很长的路要走。

3．HD DVD

HD DVD 是一种数字光储存格式的蓝色光束光碟产品，由 HD DVD 推广协会负责制定及开发。HD DVD 与其竞争对手蓝光光碟相似，盘片均是和 CD 同样大小(直径为 120 毫米)的光学数字储存媒介，使用 405 纳米波长的蓝光。HD DVD 由东芝、NEC、三洋电机等企业组成的 HD DVD 推广协会负责推广、惠普(同时支持 BD)、微软及英特尔等相继加入 HD DVD 阵营，而主流片厂环球影业亦是成员之一。影像方面，HD DVD 支持很多不同的解像度，由最低的 CIF 到最高的 SDTV，由 DVD 标准储存影像到高清电视的 720p、1080i、1080p。在编码方面，HD DVD 可以使用 DVD 支持的 MPEG-2 或者是新支持更有效率的 AVC 和 VC-1。但在 2008 年，随着原先支持 HD DVD 的华纳公司宣布脱离 HD DVD，以及美国数家连锁卖场决定支持蓝光产品，东芝公司终在 2 月 19 日正式宣布将终止 HD

DVD 事业。这也意味着 HD DVD 在与 BD 进行的次时代大战中彻底失败。

4．HDMI

高清晰度多媒体接口(High Definition Multimedia Interface，HDMI)是一种数字化视频/音频接口技术，是适合影像传输的专用型数字化接口，其可同时传送音频和视频信号，最高数据传输速度为 5 Gb/s。同时无需在信号传送前进行数/模或者模/数转换。HDMI 可搭配宽带数字内容保护(HDCP)，以防止具有著作权的影音内容遭到未经授权的复制。HDMI 所具备的额外空间可应用在日后升级的音视频格式中。而因为一个 1080p 的视频和一个 8 声道的音频信号需求少于 4 Gb/s，因此使得 HDMI 还有很大的余量，这允许它可以用一个电缆分别连接 DVD 播放器、接收器和 PRR。

5．HDMI 高清线

高清晰度多媒体接口之间必须由 HDMI 高清线连接。现根据 HDMI 标准，高清线分为 hdmi1.0、hdmi1.1、hdmi1.2、hdmi1.3、hdmi1.4。随着技术的发展，1.0 和 1.1 已经淘汰了，现市面上多为 1.2、1.3 和 1.4 的线。但是只有 1.4 标准的 HDMI 线具有双向传输能力。

6．高清技术常识

(1) 高清电视机≠高清电视。高清电视机只是收视高清频道的设备之一。用户仅购买高清电视机，并不能保证收视到高清频道，因为收视高清频道还需要一台高清机顶盒。只有用高清机顶盒，收视高清频道时，高清电视机才能派得上用场，否则，高清电视机只是客厅里的一个摆设。

(2) 高清频道≠标清频道。高清频道是一种对现场的还原，具有革命性、颠覆性的视听升级；标清频道是对公共频道的延伸和补充，它的内容更丰富、广告更少。总之，高清频道与标清频道各有各的优势。高清电视机可以收视标清频道，但仅仅收视标清频道，是对高清电视机的浪费。只有用高清电视机收视高清频道，才能让高清电视机有用武之地。

(3) 真正的高清电视 = 高清电视机 + 高清机顶盒 + 高清频道。真正意义上的高清电视，必须具备高清电视机、高清机顶盒和高清频道三个条件，三者缺一不可。用高清机顶盒接收信号，用高清电视机显示出高清频道的效果，才能看上真正的高清电视。

(4) 真高清和伪高清的差别。真高清是指通过高清电视机和机顶盒等设备把有线网络中传输的高清视音频信号如实的还原出来。例如：如果一个用户家中有高清电视机和支持 5.1 声道的音响设备。如果购买了高清产品，通过安装机顶盒设备后，可以把在有线网络中传输的 CHC 高清频道完整的呈现出来，用户不仅可以看到 1920×1080 显示的画面，而且可以体会到 5.1 声道的音响效果。如果用户直接使用家中的高清电视机和支持 5.1 声道的音响设备收看普通的有线电视节目，由于节目本身只有 720×576 的分辨率和单声道的音源，所以用户看到的是通过电视机本身处理过的伪 1920×1080 图像，而且用于播出 5.1 声道的 6 个环绕音响也只能同时播出一样的声音，因此这样的设备和内容的不匹配是一种极大的浪费。

4.3.2　IMAX 技术

IMAX(即 Image Maximum 的缩写)是一种能够放映比传统胶片更大和更高解像度的电影放映系统。整套系统包括以 IMAX 规格摄制的影片拷贝、放映机、音响系统、银幕等。

标准的 IMAX 银幕为 22 米宽、16 米高，但完全可以在更大的银幕上播放，而且迄今为止不断有更大的 IMAX 银幕出现。IMAX 的构造亦与普通电影院有很大分别。由于画面分辨率地提高，使得观众可以更靠近银幕，一般所有座位均在一个银幕的高度内(传统影院座位跨度可达到 8~12 个银幕)，此外，座位倾斜度亦较大(在半球形银幕的放映室可倾斜达 23度)，观众更能面向银幕中心。在一部 IMAX 电影上映之前，会把电影的画面和声道重新进行灌录，以提供无与伦比的画质和音效，最大限度发挥 IMAX 影院的观影感受。IMAX 会直接与导演团队合作，通过独特的数字原底翻版技术(DMR)来锐化画面、清除画面颗粒和瑕疵、提升分辨率等，从而提升画面质量，并尽可能创造最优的画质在世界上最好的投影系统中播放。这些技术仅仅是 IMAX 为了达到更高亮度、色彩饱和度和对比度的过程中的部分技术，另外，还有在 IMAX 的数字原底翻版技术处理过程中，充分利用音响系统动态范围的延展性对声道进行重新混制的技术。

　　IMAX 的数字影院系统通过使用一整套的综合 IMAX 专利技术，让观众在观影的时候持续享有身临其境之感。这种称为 IMAX Experience®(IMAX 观影体验®)的体验来自于以下几种技术因素：IMAX 革命性的投影技术，放映水晶般清晰的画面；IMAX 强大的音响系统，提供激光校准的数字音响；IMAX 影院的几何设计，最大限度拓宽观影视野。IMAX使用特有的双投影系统，通过图像优化器确保画面精确校准和银幕上的画面亮度，而这仅仅是许多 IMAX 独有专利中的一项而已。该投影系统相较传统系统能够减少瑕疵 50%、提高亮度 60%，并提高对比度 30%。此外，与传统投影系统不同的是，在氙灯的整个寿命期间，该投影系统的画面亮度能保持始终如一。而与其他 3D 系统相比，IMAX 的图像优化器也使得 3D 的亮度提升达两倍以上。每部电影的声道都会精心灌录，以适应 IMAX 强大的激光校准数字音响系统，其所具备的音响动态范围是一般影院声音的十倍。IMAX 的数字均衡点声源技术外加五个分散的声频通道，能让听众找到每个声音来自的具体位置(传统的5.1 声频通道往往采用很多扩音器，因而几乎不可能找到声音的来源)。

　　每家 IMAX 影院都从声音上试图通过最大的音响动态展现最精准和逼真的声音效果。这一切，都让声音变得清脆和精准，即使一根大头针掉在地上，你也能明确分辨出它落地的地点。每一家 IMAX 影院的设计都会给你带来最身临其境式的观影体验，加强了电影欣赏过程中的个人感受。无论银幕尺寸多大，IMAX 的影院几何设计都能保证你拥有最好的IMAX 观影体验。IMAX 公司所独有的高增益银幕使得画面非常明亮，3D 效果堪称无与伦比。银幕从墙与墙之间，地板到天花板的范围之间"顶天立地"，呈些许弧形，并且距离观众更近，从而最大程度上拓展了观众的观影视野。这些技术组合在一起，创造出与传统 2D或 3D 影院有着天壤之别的高端观影体验。IMAX 所采用的数字技术减除了对电影胶片拷贝的需求，如此一来，在保持 IMAX 观影体验始终如一的前提下，不单单提高了影院方影片放映的灵活性，从根本上而言，也意味着消费者可以看到更多他们所钟爱的 IMAX 电影，其中当然包括好莱坞的超级大片。

　　近期，IMAX 宣布将于 2013 年底投放新一代数字技术。同现有的数字技术相比，新型IMAX 数字激光投影设备将会呈现更为优质的亮度和清晰度、更广阔的色域以及更为深邃的黑色，同时消耗的电量更少，耐用时间更长，此项技术的出现也将使能够投射的屏幕宽度可以超过 30 米。IMAX 的目标是使人们有理由离开家庭娱乐设备，让大家把去影院观影当成是不容错过的盛事，并始终在探索的路上希望通过新方式来不断提升观众的 IMAX 观影体验。无论是在技术上的进步、影片上映时间的提前，还是包括向顶尖导演配备最尖端的 IMAX 摄像机，都是为了让它们能以超乎想象的方式表达出想要讲述的故事。

4.4　数字音频技术

4.4.1　数字音频技术基本概念

数字音频是多媒体技术经常采用的一种形式，它的主要表现形式是语音、自然声和音乐。通过这些表现形式，能够有力地烘托主题的气氛，尤其对于自学型多媒体系统和多媒体广告、视频特技等领域，数字音频技术显得更加重要。

声音是振动的波，是随时间连续变化的物理量，声音有 3 个重要指标：

振幅(Amplitude)——波的高低幅度，表示声音的强弱。

周期(Period)——两个相邻波之间的时间长度。

频率(Frequency)——每秒钟振动的次数，以 Hz 为单位。

人类一直被包围在丰富多彩的声音世界中，声音是人类进行交流和认识自然的主要媒体形式，语音、音乐和自然之声构成了声音的丰富内涵。声音有以下基本特点：

1．声音的传播方向

声音依靠介质的振动进行传播。声源实际上是一个振动源，它使周围的介质(空气、液体、固体)产生振动，并以波的形式进行传播，人耳如果感觉到这种传播过来的振动，再反映到大脑，就意味着听到了声音。声音以振动波的形式从声源向四周传播，人类在辨别声源位置时，首先依靠声音到达左、右两耳的微小时间差和强度差异进行辨别，然后经过大脑综合分析而判断出声音来自何方。声源直接到达人类听觉器官的声音被称为直达声，直达声的方向辨别最容易。在现实生活中，森林、建筑、各种地貌和景物存在于我们周围，声音从声源发出后，须经过多次反射才能被人们听到，这就是反射声。

2．声音的三要素

声音的三要素是音调、音色和音强，就听觉特性而言，这三者决定了声音的质量。

(1) 音调——代表了声音的高低。音调与频率有关，频率越高，音调越高，反之亦然。当人们提高唱盘的转速时，声音频率提高，音调也提高。当使用音频处理软件对声音进行处理时，频率的改变可造成音调的改变。如果改变了声源特定的音调，则声音会发生质的转变。

(2) 音色——具有特色的声音。声音分纯音和复音两种类型。所谓纯音，是指振幅和周期均为常数的声音；复音则是具有不同频率和振幅的混合音，大自然中的声音大部分是复音。复音中的低频音是"基音"，它是声音的基调，其他频率音称为谐音，也叫泛音。各种声源都有自己独特的音色，如各种乐器、不同的人、各种生物等，人们根据音色辨别声源的种类。

(3) 音强——声音的强度，也叫响度，音量也是指音强。音强与声波的振幅成正比，振幅越大，强度越大。CD 音乐盘、MP3 音乐以及其他形式的声音强度是一定的，可以通过播放设备的音量控制改变聆听的响度。

3．数字化声音的特征

实际存储中，人们需要将自然声或其他种类的声音转换成待处理的标准数字音频信号，这就是数字音频的采样，也是获得数字化声音的基本手段。数字化声音有以下特征：

(1) 采样频率。在一定的时间间隔内采集的声音样本数被称为采样频率。每个样本是一个极小的声音片段，它被转换成二进制数存储，采样次数和存储声音数据使用的二进制位数直接影响还原声音的质量。采样频率越高，在一定的时间间隔内采集的样本数越多，音质就越好。当然，采集的样本数量越多，数字化声音的数据量也越大。如果为了减少数据量而过分降低采样频率，音频信号增加了失真，音质就会很差。采样频率的三个常用标准为：44.1 kHz、22.05 kHz、11.025 kHz，即每秒对声音采样记录 44 100 次、22 050 次或 11 025 次，如 CD 唱片的采样频率为 44.1 kHz。当采样频率比声音样本的最高频率的两倍高 10% 时，那么得到的声音效果就好，基本不失真。

(2) 量化。采样频率只解决了音频波形信号在时间坐标(横轴)上把一个波形切成若干等份的数字化问题，但是还是需要用某种数字化的方法来反映某一瞬间声波幅度的大小(该值的大小影响音量的高低)，于是就有了对声波波形幅度的数字化表示的方法称为"量化"。"量化"常用量化位数来表示，它是指每个声音的采样点在计算机中用多少个二进制位来存储和表示。常采用的量化位数为 8 或 16 位，8 位可以描述 256 种不同音色，16 位可以描述 65 536 种不同音色。

(3) 声道数。声音通道的个数称为声道数，是指一次采样所记录产生的声音波形个数。随着声道数的增加，占用的存储容量将成倍增长。单声道是产生一个声音波形，只有单数据流；双声道(立体声)是有左右声道两个数据流，产生两个声音波形；环绕立体声有 3 个声道。

(4) 音频文件数据量的计算。无论质量如何，声音的数据量都非常大。如不经过压缩，声音的数据量的计算公式为：数据量 = 采样频率 × 量化位数 × 声道数 × 持续时间/8。例如，使用 44.1 kHz 的采样频率、16 位的量化位数、双声道数字音频信号，1 min 的数据量为：441 000 × 16 × 2 × 60/8 = 10.09 MB。

4.4.2　主要音频文件格式

1．WAV 文件

WAV 文件又称为波形文件。它是最基本的一种声音格式，录制简单，几乎所有的多媒体集成软件都支持这种格式的声音文件，这是它最大的优点，其最大的缺点是数据量大。WAV 格式是微软公司开发的，它符合 RIFF(Resource Interchange File Format)文件规范。它由文件头和波形音频文件数据块组成，文件头包括标识符、语音特征值、声道特征以及 PCM 格式类型标志等。WAV 数据块是由数据子块、数据子块长度和波形音频数据 3 个数据子块组成的，用于保存 Windows 平台的音频信息。Windows 以及几乎所有的音频编辑软件、多媒体制作软件都支持 WAV 格式。标准格式的 WAV 文件占用的存储空间很大，不适合长时间记录高质量声音，多用于存储简短的声音片段。WAV 文件的扩展名是.wav。

2．MP3 格式

MP3 是一种数据音频压缩标准方法，全称为 MPEG Layer3，是 VCD 影像压缩标准

MPEG 的一个组成部分，用该压缩标准制作存储的音乐就称为 MP3 音乐。MP3 音频文件的压缩是一种有损压缩，能基本保持低音频部分不失真，但 MP3 压缩算法牺牲了声音文件中 12~16 kHz 高音频部分的质量来减少文件存储空间。相同长度的音乐文件 MP3 格式的存储容量一般只有 WAV 文件的 1/10，MP3 可以将高保真的 CD 声音以 12 倍的比率压缩，并可保持 CD 出众的音质。MP3 文件的扩展名是 .mp3。

3. RM 格式

RM 是 Real Media 文件的简称，是 Real 公司开发的网络流媒体文件格式。RM 文件使用流媒体技术将连续的音频分割成带有顺序标记的数据包，这些数据包通过网络进行传递，接收的时候由接收方将这些数据包重新按顺序组织起来播放。如果网络质量太差，有些数据包收不到或者延缓到达，它们就会被跳过不播放，以保证聆听的内容是基本连续的。RM 文件因为可以很小而且质量损失不大，所以有利于在网络上传输并实时播放。RM 文件的扩展名是 .rm。

4. WMA 格式

WMA 是 Windows Media Audio 的缩写，是微软公司力推的数字音乐格式，其最大的特点是具有版权保护功能，并且比 MP3 更强大的压缩能力。WMA 格式的可保护性极强，甚至能限定播放机器、播放时间及播放次数，这对于作为版权拥有者的唱片公司来说是一种相当有用的压缩技术。除了版权保护外，WMA 还在压缩比上进行了深化，在较低的采样频率下也能产生出较好的音质(64 Kbps 的 WMA 在波形还原后的效果要好于 128 Kbps 的 MP3)。另外，Windows Media 是一种网络流媒体技术，所以 WMA 格式能够在网络上实时播放。WMA 文件的扩展名是 .wma。

5. AAC 文件

AAC 文件是采用 MPEG-2 AAC 编码标准的数字音频文件，AAC 的全称是 Advanced Audio Coding(高级音频编码)，它是 MPEG-2 标准中一种声音感知编码的标准，也是利用人耳的听觉特性来减少声音数据量的，是一种有损压缩方式。AAC 标准支持的采样频率范围为 8~96 kHz，可以支持多达 48 个的主声道，压缩率更高，在音质相同的情况下数据率只有 MP3 的 70%。一般认为，数据率为 96 Kbps 的 AAC 音频文件的表现超过了数据率为 128 Kbps 的 MP3 音频文件。AAC 文件的扩展名是 .aac。

6. OGG 文件

OGG 的全称为 OGG Vobis，是一种完全免费、开放和没有专利限制的音频压缩格式。它支持多声道，压缩时采用的声学模型比 MP3 更先进，支持可变编码率(VBR)和平均编码率(ABR)两种编码方式，可以在相对较低的数据率下实现比 MP3 更好的音质。OGG 文件的扩展名是 .ogg。

7. APE 文件

APE 是一种无损压缩音频格式，可以使用 Monkey's Audio 这个软件将 WAVE 文件压缩为 APE 文件，压缩率可达 2:1 以上，并且能够实时解码播放。由于是无损压缩，将 APE 文件解压缩后得到的 WAVE 文件可以与压缩前的源文件完全一致，因此 APE 文件的音质比 MP3、AAC、WMA 等有损压缩格式要好得多。APE 文件的扩展名是 .ape。

8．FLAC 文件

FLAC 的全称为 Free Lossless Audio Codec，也是一种无损压缩音频格式，被编码的声音数据没有信息损失。它是世界上第一个完全开放和免费的无损音频压缩格式，因此使用该格式不受任何专利限制，目前已被大量的软件和硬件产品所支持。FLAC 文件的扩展名是 .flac。

9．MIDI 文件

MIDI 格式的声音文件与前面介绍的几种文件格式都不相同，它记录的不是数字化的声音波形数据，而是一系列描述乐曲的符号指令(如按键、持续时间、音量、力度等)，它占的存储空间是所有声音格式中最少的。MIDI 文件的播放效果与硬件的关系很大，使用不同合成器合成的乐音差别很明显。MIDI 文件的扩展名一般为 .mid、.rml 等。

4.4.3　音频编辑与处理

【例 4.1】　Cool Edit 录制歌曲。

(1) 插件安装。安装好 Cool Edit Pro 2.0 中文版后，在软件的安装目录下，新建一个"DX"文件夹，然后把所有插件都安装到文件夹"DX"中。电脑录歌必备的插件有：高音激励器 BBE、压限效果器 WaveC4、混响效果器 Ultrafunk。插件安装后，需要在软件里面执行"效果"→"刷新效果列表"操作，安装的插件才会出现在软件的"效果—DirectX"菜单下。

(2) 录音前的准备。首先，把耳机作为监听音箱(就是说用耳机来听伴奏音乐，若改用普通音箱，那么在录音时会录入伴奏音乐和人声的混合声音)；接着，把麦克风调试好。双击 Windows 右下角的"音量"图标，打开"主音量"对话框，然后点击"选项"→"属性"菜单，调整录音属性。需要把"录音"项打勾，并选中"麦克风"一栏，其他的不要选择，因为要录的只是自己要唱的声音。

(3) 录音界面。打开 Cool Edit Pro 2.0 后，会自动建立一个新工程，界面如图 4-3 所示。图中，标注 1 是多轨与单轨模式的切换按钮；标注 2 指录音时要点亮"R"、"S"、"M"(分别代表"录音状态"、"独奏"、"静音")中的"R"，表示将在该轨道中进行录音；标注 3 是录音键，点击开始录音(再点击左上方的停止键可以结束录音)。

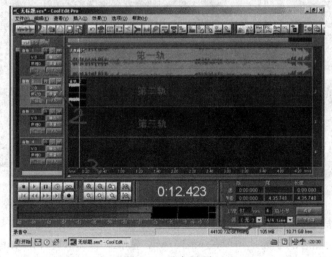

图 4-3　录音界面

（4）噪音采样。由于外部环境、电脑风扇、麦克风以及声卡品质等原因，会在声音的录制过程中产生噪音，并影响录音质量。因此，降噪处理是音频的一个重要环节，降噪处理首先需要对噪音进行采样，如图 4-4 所示。

图 4-4　噪音采样

在第三轨处点亮 R，点击录音键，不要出声，先录下一段 10～20 秒左右的空白噪音文件。进入单轨模式，选择"效果"→"噪音消除"→"降噪器"对话框，单击"噪音采样"按钮，几秒后出现噪声样本的图样，然后点击"关闭"按钮。噪音采样结束后，噪音样本信息已记录进软件。切换回多轨模式并删除第三轨中的噪音采样文件，如图 4-5 所示。

图 4-5　噪音采样文件

（5）导入伴奏音乐。右键单击第一轨，选择"插入"→"音频文件"，导入伴奏音乐文件（最好选择自己比较熟悉的歌曲，可以是 mp3、wav 等格式的音乐文件），如图 4-6 所示。伴奏音乐可以从网上下载。

图 4-6　导入伴奏音乐

(6) 歌曲的跟唱录制。准备好歌词后，在第二轨处把 R 点亮，然后点击软件界面左下方的红色录音键开始跟唱并录制歌曲(点击停止键可随时结束录音)。歌曲初步录制完成之后，可以先试听一下(此时的声音还没有进行润色效果处理，听起来会比较干涩)。右键点击你录制声音所在的轨道(第二轨)，点击"波形编辑"，进入单轨模式，准备对声音进行编辑处理。

(7) 降噪处理。虽然要求录制环境要保持绝对的安静，但还是难免会有很多杂音，所以首先要对录制的声音进行降噪。点击"效果"菜单中的"降噪器"，我们在前面的步骤 4 里已经进行过了噪音采样，所以此时只需点击"确定"，降噪器就会自动消除录制声音中的噪音。也可以打开"预览"通过拖动直线来进行调整，直到满意为止，如图 4-7 所示。需要说明的是，过度的降噪可能会给声音造成一定的损失。

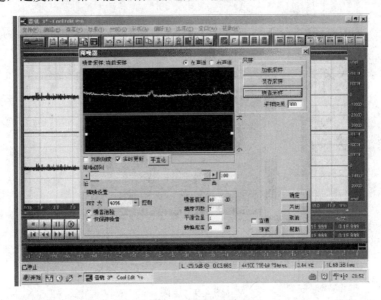

图 4-7　降噪处理

(8) 高音激励。高音激励的目的是为了调节所录人声的高音和低音部分，使声音显得更加清晰明亮或是厚重。点击"效果"→"DirectX"→"BBE Sonic Maximizer"，打开 BBE 高音激励器。加载预置下拉菜单中的某种效果后(也可手动调节三个旋钮)，点激励器右下方的"预览"进行反复试听，直到调至满意效果后，点击确定对原声进行高音激励，如图 4-8 所示。

图 4-8　高音激励

(9) 压限。压限就是把所录的声音通过处理后使其变得更加均衡，保持一致连贯，不会声音忽大忽小。

点击"效果"→"DirectX"→"WavesC4"，打开 WaveC4 压限效果器。选择加载预置下拉菜单中的某种效果后(也可手动调节各滑动条)，通过点击右下方的"预览"进行反复试听，直到调至满意的效果后，点击确定对原声进行压限处理，如图 4-9 所示。

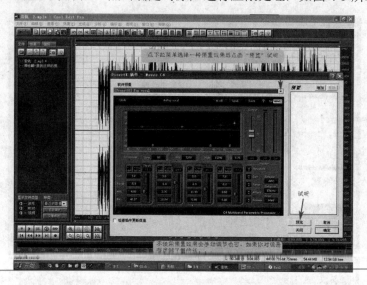

图 4-9　压限

(10) 加混响。点击"效果"→"DirectX"→"Ultrafunk fx"→"Reverb R3"，打开混响效果器。加载预置下拉菜单中的某种效果后(也可手动调节各滑动条)，点右下方的"预览"进行反复的试听，直到调至满意的混响效果后，点击确定对原声进行混响处理，如图4-10 所示。

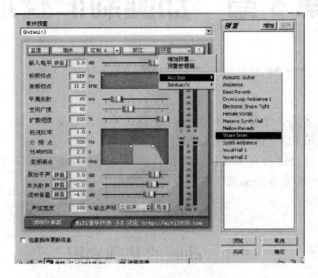

图 4-10　加混响

(11) 混缩合成。点击轨道切换按钮返回到多轨模式并试听。如果觉得录制的声音音量不合适，右键点击"调整音频块音量"进行调整，直到两轨的声音音量达到满意为止。

在第三轨上右键单击，弹出菜单中选择"混缩所有波形文件"。再双击第三轨，进入单轨模式下，选择菜单中的"文件-另存为"，将文件以.mp3 格式输出保存，录歌制作结束。

本 章 小 结

本章主要讲解了音频技术、视频技术的概念，包括常见视频文件格式、视频压缩标准及方法、数字视频的采集、视频处理及视频新技术以及音频的简单编辑方法。学习完本章，学习者可以进行音频的基础编辑。

思 考 与 设 计

(1) 视频的基本文件格式有哪些？
(2) 常见的视频编辑软件有哪些？
(3) 音频的基本文件格式有哪些？
(4) 数字图像获取的方式和设备主要有哪些？

设计制作题
自行准备素材，进行一个简单的音频编辑。

第 5 章　动画制作技术

本章导读

内容提示：本章主要介绍动画的基础知识，有关动画的基本概念，动画的基本分类以及动画的特点，使用 Flash 制作简单动画。

学习要求：了解动画的发展过程，掌握动画的定义和分类，了解动画的基本特点，能够熟练运用 Flash 制作简单的动画。

5.1　动画的基础知识

5.1.1　动画的基本概念

英国动画大师约翰·海勒斯(John Halas)对动画有一个很准确的描述："动画的变化是动画的本质。"动画由很多内容连续但各不相同的画面组成，由于每幅画面中的物体位置和形态不同，在连续观看时，能给人以活动的感觉。

动画是通过把人、物的表情、动作、变化等分段画成许多幅画，再用摄影机连续拍摄成一系列画面，给视觉造成连续变化的图画。它的基本原理与电影、电视一样，都是视觉原理。人眼具有"视觉暂留"的特性，就是说人的眼睛看到一幅画或一个物体后，在 1/24 秒内不会消失。利用这一原理，在一幅画还没有消失前播放出下一幅画，就会给人造成一种流畅的视觉变化效果。因此，电影采用了每秒 24 幅画面的速度拍摄播放，电视采用了每秒 25 幅或 30 幅画面的速度拍摄播放。如果以每秒低于 24 幅画面的速度拍摄播放，就会出现停顿现象。随着动画的发展，除了动作的变化，还发展出颜色的变化、材质的变化、光线明暗的变化等，这些因素都赋予了动画新的本质。

5.1.2　动画的发展历史

早期，中国将动画称为美术片，现在，国际统称为动画片。动画是一门幻想艺术，更容易直观表现和抒发人类的情感，可以把现实中不能够看到、听到的情景转为现实，极大地扩展了人类的想象力和创造力。

1909 年，美国人 Winsor Mccay 用一万张图片表现了一段动画故事，这是迄今为止世界上公认的第一部动画短片。从此以后，动画片的创作和制作水平日趋成熟，人们已经开始有意识的制作表现各种内容的动画片。

1928 年，华尔特·迪士尼(Walt Disney)制作了第一部有声动画《威利汽船》；1937年，又创作了第一部彩色动画长片《白雪公主和七个小矮人》。迪士尼一步步把动画电影推向巅峰，在完善了动画体系和制作工艺的同时，还把动画片的制作和商业价值联系在一起，被人们誉为商业动画之父。直到如今，迪士尼公司仍然是全世界最著名的动画制作巨头。

1995 年，皮克斯公司制作出第一部三维动画长片《玩具总动员》，使动画行业焕发出新的活力。2006 年 1 月 23 日，皮克斯公司被迪士尼收购。

动画发展到现在，分为二维动画和三维动画两种，用 Flash 等软件制作成的就是二维动画，而三维动画则主要是用 Maya 或 3Ds MAX 制作而成的。尤其是 Maya 三维动画制作软件近年来在国内外掀起三维动画、电影的制作狂潮，涌现出一大批优秀的、震撼的三维动画电影，如《玩具总动员》、《海底总动员》、《超人总动员》、《怪物史莱克》、《变形金刚》、《功夫熊猫》等。

动画从最初到现在，其本质没有多大的变化，而动画制作手段却发生了翻天覆地的变化。现在，"电脑动画"、"电脑动画特技"不绝于耳，可见电脑对动画制作领域的强烈震撼。

5.1.3　制作动画的条件

合适的计算机硬件设备和相应的应用软件是制作动画的必要条件。

1. 硬件条件

制作动画的计算机首先应该是一部多媒体计算机，能够使用和加工各种媒体，满足动画制作需求的计算机没有特殊要求，只是应有高速的 CPU 主频，足够大的内存容量，以及大量的硬盘空间。彩色显示器对于动画制作非常重要，在经济条件准许的情况下，尽量选用屏幕尺寸大、色彩还原好、点距小的显示器，在某些特定条件下，还可以使用双显示器进行动画制作。对于液晶显示器，应选择响应时间短的显示器，如 8 ms、3 ms 等的显示器。显示适配器的缓存容量和动画系统的显示分辨率有紧密的联系，其容量应尽可能大，能保证较高的显示分辨率和良好的色彩还原。

制作动画的主要工作是用鼠标器绘制画面，要求鼠标器具有反应灵敏、移动连续、无跳跃、手感舒适等特点。另外，制作动画也需要一些特殊的多媒体配件，例如视频卡、视频压缩卡等，可以根据动画的实际需要选配相应的硬件卡。

2. 软件环境

目前，大多数动画制作和处理软件都运行在 Windows 环境下，为了保证动画系统稳定、可靠的运行，Windows 中不要同时运行其他应用程序，同时应关闭任务栏中各个任务项。在制作动画时，最好关闭某些病毒监控程序，这些程序会影响动画程序运行的速度，并且容易误把动画系统形成的中间数据看作成病毒，造成不必要的麻烦。

5.1.4　全动画与半动画

全动画与半动画描述了动画内容与画面数量之间的关系，是有关动画的重要概念。

1. 全动画

全动画是指在动画制作中，为了追求画面的完美、动画的细腻和流畅，按照每秒播放

24 幅画面的数量制作的动画。全动画对时间和金钱在所不惜，其观赏性极佳，迪士尼公司出品的大量动画产品都属于全动画。

2．半动画

半动画又称为有限动画。制作半动画与制作全动画几乎需要完全相同的动画制作技巧。半动画采用少于每秒 24 幅的画面来绘制动画，常见的画面数为 6 幅或 8 幅。以 8 幅画面的半动画为例，为了保证播放的速率，画面总数仍应为 24 幅，则每幅画面重复 2 次，形成三幅画面一个动作的格局。由于半动画的动作画面比较少，因此动作的连续性、流畅性较全动画差，但半动画不需要全动画那样高昂的经济开支和巨大的工作量。

5.2　电脑动画

人们习惯上把计算机制作的动画称为电脑动画。电脑动画主要经历了以下几个阶段：

第一阶段：用计算机画出简单的线条和几何图形，计算机把绘图过程记录下来，在需要的时候，由计算机重复绘画过程，使人们看到活动的画面。

第二阶段：电脑动画中活动的主题从简单的线条、几何图形过渡到比较复杂的图形。画面上的变化模式和多种颜色的运用使得这一阶段的动画具有很好的视觉效果，开始体现电脑动画的风格。

第三阶段：以先进的软件和硬件作为条件，逼真地模拟手工动画，并进一步制作手工动画难以表现的题材。动画主体从图形过渡到图像，并能够生成数字化的主题模型，进而产生纯电脑动画。

5.2.1　电脑动画的基本概念

就动画性质而言，电脑动画可分为两大类：一类是帧动画，另一类是矢量动画。如果按照动画的表现形式分类，则可分为二维动画、三维动画和变形动画三大类。

所谓帧动画，是指构成动画的基本单元是帧，很多帧组成一部动画片。帧动画借鉴传统动画的概念，每帧的内容不同，当连续播放时，形成动画视觉效果。制作帧动画的工作量很大，计算机特有的自动动画功能只能解决移动、旋转等基本动作过程，不能解决关键帧问题。帧动画主要应用在传统动画片、广告片以及电影特技的制作方面。

矢量动画是经过计算机计算而生成的动画，其画面只有一帧，主要表现变化的图形、线条、文字和图案。矢量动画同时采用编程方式和某些矢量动画制作软件完成。

二维动画也称为平面动画，是帧动画的一种，它沿用了传统动画的概念，具有灵活的表现手段、强烈的表现力和良好的视觉效果。

三维动画也称为空间动画，可以是帧动画，也可以制作成矢量动画。主要表现三维物体和空间运动。它的后期加工和制作往往采用二维动画软件来完成。

变形动画也是帧动画的一种，它具有把物体形态过渡到另外一种形态的特点。形态的变换与颜色的变换都经过复杂的计算，形成引人入胜的视觉效果。变形动画主要用于影视人物、场景变换、特技处理、描述某个特别缓慢变化的过程等场合。

5.2.2　动画制作软件

动画制作软件通常具备大量的编辑工具和效果工具，用来绘制和加工动画素材。不同的动画制作软件用于制作不同形式的动画：Flash、Magic Morph 等软件用于制作各种二维动画，如网页动画、变形动画等；3DS Max、Cool 3D、Maya 等软件用于制作各种三维动画，如三维造型动画、文字三维动画、特技三维动画等。在实际的动画制作中，一个动画素材的完成往往不只使用一个动画软件，而是由多个动画软件共同编辑完成的结果。

5.2.3　动画制作软件介绍

1．Softimage 3D

Softimage 3D 是由 SGI 工作站移植到 PC 机上的软件，功能极其强大，最擅长卡通造型和角色动画，是电影制作必不可少的工具。《侏罗纪公园》、《第五元素》、《闪电悍将》等电影都可以找到它的身影。

2．Maya

Maya 是 SGI 公司收购 Alias 公司和 Wavefront 公司后推出的新一代三维动画软件。它的功能强大，尤其是对于造型功能，提供了 Polygons、Subdivision、NURBS、Artisan Paint Tool、Paint Effects 五种建模工具。

3．HOUDINI

HOUDINI 是 SGI 工作站移植到 PC 机上的三维动画软件。它将平面图像处理、三维动画和视频合成技术有机结合，其创作流程极富个性。在电影《终结者 2》、《独立日》等中都显示了其不凡的身手。

4．3Ds Max

3Ds Max 是国内使用人数最多的三维动画和视觉效果软件。它的功能强大、开放性好，其最大的优点是插件特别多，从而使得它在角色动画、渲染质感等方面有了质的飞跃。3Ds Max 凭借 Discreet 公司及其母公司 Autodesk 的实力，理所当然地成为世界上最广泛用于三维建模、动画和渲染的专业系统解决方案。

5．LightWave 3D

LightWave 3D 在好莱坞所具有的影响力一点不比 Softimage、Alias 等差。其价格低廉、品质出色。名扬天下的好莱坞巨片《泰坦尼克号》中泰坦尼克的造型，就是用这个软件来设计完成的。

6．Rhino 3D

Rhino 3D 俗称"犀牛"，美国 Robert McNeel 公司研制的应用于 PC 机的专业 NURBS 建模软件。它的程序设计人员出自著名的工业设计软件巨头 Alias 公司。NURBS 建模功能对硬件要求较低，主要应用于 CAD/CAM 领域，现在已经被 CG 爱好者逐渐应用于角色造型。

5.3　网页动画

网页动画随着国际互联网的兴起和发展应运而生，网页动画对于信息的传播、视觉冲击的强化、美化网页起到非常重要的作用。随着 Internet 的网络传输速率不断提高，多媒体技术在网络上的应用也日益广泛，小巧而新颖的网页动画也随之受到网页设计者和使用者的喜爱。

5.3.1　基本概念

网页动画主要应用于 Internet 的网页制作、网络广告、电子贺卡、产品展示以及网络游戏等方面，与文字、图片和声音配合在一起，构成了多媒体信息的集合。除了国际互联网以外，网页动画还用于电视字幕制作、片头动画、MTV 画面制作、多媒体光盘等领域。广泛的适应性使得网页动画受到越来越多的关注，同时，矢量动画和帧动画都可以作为网页动画来播放。

5.3.2　网页动画的特点

(1) 数据量小。为了便于网络信息的传播，网页动画除了采用压缩算法对数据进行压缩以外，还采用了约束画面尺寸和采用适当的颜色管理功能等措施，使得数据量进一步减少。

(2) 表现力强。在网页上演播活动的画面，更容易引起人们的注意，而且，演播内容的不断更替，使得画面信息量更大。

(3) 视觉效果好。如果设计适当，就能产生非常好的启示、引导和展示效果。

(4) 模式多样化。在网页上，可以使用交互式矢量动画，也可以使用帧动画。

5.3.3　网页动画的制作途径

(1) 将平面动画、三维动画等多种动画形式加工和整理，然后利用网页动画转换软件将其转换成网页动画，是比较灵活的动画制作方式。不过，由于网络的承载能力和信息传输能力有限，因此在转换前，应减少原动画的数据量，通常运用减少颜色数量、缩小画面尺寸、减少画面数量等方法来解决。

(2) 使用专门的网页动画制作软件直接生成网页动画，其成品可以是矢量动画，也可以是帧动画。这种途径制作的网页动画具有交互性，特别适合网络应用，其传输速率和使用效率比较高，动画形态和制作也比较灵活。

5.4　Flash 动画设计概述

Flash 是由 Macromedia 公司推出的交互式矢量图和 Web 动画的标准，后被 Adobe 公司收购。Flash 的前身是 Future Wave 公司的 Future Splash，是世界上第一个商用的二维矢量动画软件，用于设计和编辑 Flash 文档。Flash 是基于矢量的具有交互性的图形编辑和二维动画制作软件，它具有强大的动画制作功能和卓越的视听表现力。最新的版本为 Adobe Flash CS6，本章案例所使用的 Flash 软件版本为 Adobe Flash CS5，CS 是 Creative Suite 的缩写，意思是创意组件(套件、套装)。

5.4.1　Flash 动画设计基本功能

绘图和编辑图形、补间动画以及遮罩动画是 Flash 动画设计的三大基本功能，它是整个 Flash 动画设计知识体系中最重要、最基础的部分。绘图和编辑图形功能要求，在绘图的过程中要学习怎样使用元件来组织图形元素，这也是 Flash 动画的一个巨大特点。Flash 中的每幅图形都开始于一种形状，形状由两个部分组成：填充(fill)和笔触(stroke)，前者是形状里面的部分，后者是形状的轮廓线。如果可以记住这两个组成部分，就可以比较顺利地创建美观、复杂的画面。Flash 包括多种绘图工具，它们在不同的绘制模式下工作。许多创建工作都开始于像矩形和椭圆这样的简单形状，因此能够熟练地绘制它们、修改它们的外观以及应用填充和笔触是很重要的。对于 Flash 提供的三种绘制模式，它们决定了"舞台"上的对象彼此之间如何交互，以及怎样编辑它们。默认情况下，Flash 使用合并绘制模式，但是可以启用对象绘制模式或者使用"基本矩形"或"基本椭圆"工具，来使用基本绘制模式。

5.4.2　Flash 动画设计的类型

Flash 动画设计基本类型包括补间动画、逐帧动画、遮罩动画，这三种基本类型展示了整个 Flash 动画的最大优点，另外还有引导层动画。

1．Flash 补间动画

1) 运动补间动画

运动补间动画是 Flash 中非常重要的动画表现形式之一，在 Flash 中制作动作补间动画的对象必须是"元件"或"组成"对象。基本原理：在一个关键帧上放置一个元件，然后在另一个关键帧上改变该元件的大小、颜色、位置、透明度等，Flash 根据两者之间帧的值自动创建的动画，被称为动作补间动画。

2) 形状补间动画

所谓的形状补间动画，实际上是由一种对象变换成另一种对象，而该过程只需要用户提供两个分别包含变形前和变形后对象的关键帧，中间过程将由 Flash 自动完成。基本原理：在一个关键帧中绘制一个形状，然后在另一个关键帧中更改该形状或绘制另一个形状，Flash 根据两者之间帧的值或形状来创建的动画称为"形状补间动画"。形状补间动画可以实现两个图形之间颜色、形状、大小、位置的相互变化，其变形的灵活性介于逐帧动画和动作补间动画之间，使用的元素多为鼠标或压感笔绘制出的形状。需要注意在创作形状补间动画的过程中，如果使用的元素是图形元件、按钮、文字，则必须先将其"打散"，然后才能创建形状补间动画。

2．Flash 逐帧动画

逐帧动画是一种常见的动画形式，它的原理是在"连续的关键帧"中分解动画动作，也就是每一帧中的内容不同，连续播放形成动画。基本原理：在时间帧上逐帧绘制帧内容称为逐帧动画，由于是一帧一帧地画，所以逐帧动画具有非常大的灵活性，几乎可以表现任何想表现的内容。在 Flash 中将 JPG、PNG 等格式的静态图片连续导入到 Flash 中，就会建立一段逐帧动画；也可以用鼠标或压感笔在场景中一帧帧地画出帧内容；还可以用文字作为帧中的元件，实现文字跳跃、旋转等特效。

3. Flash 遮罩动画

遮罩是 Flash 动画创作中所不可缺少的，这是 Flash 动画设计三大基本功能中重要的出彩点。使用遮罩配合补间动画，用户可以创建更多丰富多彩的动画效果，如图像切换、火焰背景文字、管中窥豹等都是实用性很强的动画。遮罩的原理非常简单，但其实现的方式多种多样，特别是和补间动画以及影片剪辑元件结合起来，可以创建千变万化的动画效果。基本原理：在 Flash 中遮罩就是通过遮罩图层中的图形或者文字等对象，透出下面图层中的内容。在 Flash 动画中，"遮罩"主要有两种用途：一种是用在整个场景或一个特定区域，使场景外的对象或特定区域外的对象不可见；另一种是用来遮罩住某一元件的一部分，从而实现一些特殊的效果。被遮罩层中的对象只能透过遮罩层中的对象显现出来，被遮罩层可使用按钮、影片剪辑、图形、位图、文字、线条等。

4. Flash 引导层动画

引导层动画也被称为"引导路径动画"，就是将一个或多个层链接到一个运动引导层，使一个或多个对象沿同一条路径运动的动画形式。这种动画可以使一个或多个元件完成曲线或不规则运动。在 Flash 中引导层是用来指示元件运行路径的，所以引导层中的内容可以是用钢笔、铅笔、线条、椭圆工具、矩形工具或画笔工具等绘制的线段，而被引导层中的对象是跟着引导线走的，可以使用影片剪辑、图形元件、按钮、文字等，但不能应用于形状。需要注意的是引导路径动画最基本的操作就是使一个运动动画附着在引导线上，所以操作时应特别注意引导线的两端，被引导的对象起始点、终止点的两个中心点一定要对准"引导线"的两个端头。

5.5 Adobe Flash CS5 软件基础

5.5.1 Adobe Flash CS5 界面介绍

启动 Flash CS5，在 Windows 操作系统中，选择"开始"→"所有程序"→Adobe Flash CS5。启动 Flash 后，将进入 Flash CS5 的主界面，其中分为三列，标准文件创建模板、新建文件、学习教程及其他资源的链接，如图 5-1 所示。

第一次启动使用 Flash 软件，可以选择新建 ActionScript 3.0，来新建 Flash 文档，并进入 Flash 工作界面，如图 5-2 所示。最近的项目栏，会自动列出最近新建或修改过的 Flash 文档，可以通过该选项打开本地 Flash 文件，如图 5-3 所示。ActionScript 3.0 是 Flash 脚本语言的最新版本，可以使用它添加交互性动作。ActionScript 3.0 要求浏览器具有 Flash Player 9 或更高版本。

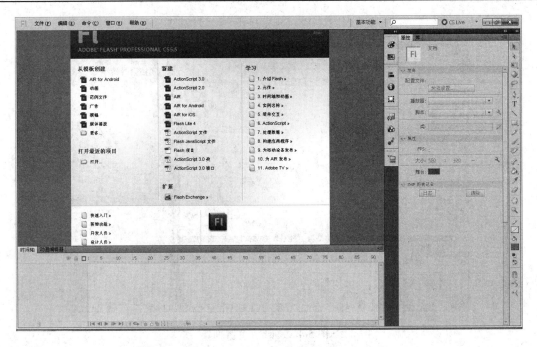

图 5-1　Flash 启动界面

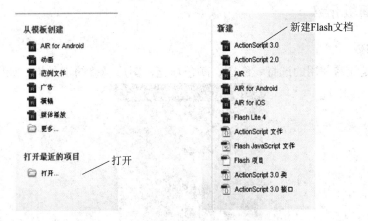

图 5-2　新建 Flash 文档　　　　　图 5-3　打开 Flash 文件

可以通过欢迎界面新建 Flash 文档，也可以通过文件菜单的新建命令选项完成文档的新建。新建 Flash 文档后，将进入 Flash 的工作环境界面。

Adobe Flash 工作区包括位于屏幕顶部的菜单命令以及多种工具和面板，这些工具和面板主要用于在影片中进行元素的编辑和添加。使用 Flash 时，可以为动画创建所有的对象，也可以导入在 Adobe Illustrator、Adobe Photoshop、Adobe After Effects 及其他兼容应用程序中创建的元素。一般情况，Flash 会显示菜单栏、时间轴、舞台、工具面板、属性检查器以及另外几个面板(如图 5-4 所示)。在 Flash 中工作时，可以打开、关闭、停放和取消停放面板，也可以在屏幕上四处移动面板。值得一提的是，工具面板的显示和关闭，可以通过"窗口"菜单选项来设定，例如可选择"窗口"→"工作区"→"基本功能"来恢复工作区的基本界面。

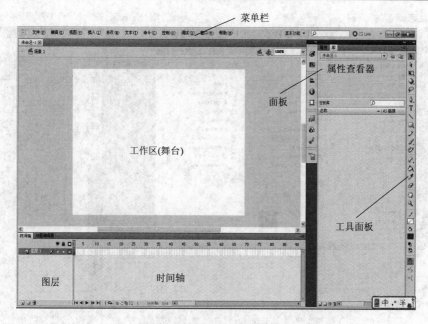

图 5-4　Flash 工作界面

5.5.2　常用面板介绍

1. 工具面板

工具面板是经常使用的选择、绘图、颜色填充、图形调整的工具集，如图 5-5 所示。

图 5-5　工具面板

其中主要使用到的工具如下所述：

(1) 选择工具 ：选择工具的作用是选择对象、移动对象、改变线条或对象轮廓的形状。主要用来选取对象，以便对该对象进行操作，如：删除，移动等。如图 5-6 所示，用鼠标按住不动，然后拖动到所需要的位置。

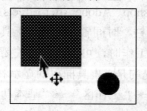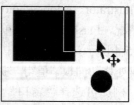

图 5-6　选择工具应用

另外它还具有切割和变形的功能。用工具箱中的工具绘制出圆、矩形、线条等形状时，用鼠标可以将它们切割。将不需要的部分选中，按住鼠标拖动，如图 5-7 所示。

按住鼠标拖　　　　　　　松开鼠标　　　　　　　按 Delet 后

图 5-7　选择工具切割功能

当鼠标接近我们绘制的图形时，这时可按住鼠标拖动来改变它的外形，如图 5-8 所示。

图 5-8　选择拖动应用

(2) 部分选取工具 ▶：单击节点，会出现两个手柄。拖动其中一个手柄可以改变曲线的形状，拖动节点可以改变节点的位置。

(3) 任意变形工具 ▣：可以将绘制的图形，导入的图片等，通过鼠标调整改变成需要的形状。

(4) 线条工具 ╱：用于绘画直线，在按下鼠标左键进行拖动时，如果按住了 Shift 键，则可绘制水平、垂直或以 45° 角度增加的直线。

(5) 套索工具 ◉：和 Photoshop 类似，套索工具用来选取不规则的区域以便对所选部分进行操作，主要用于位图处理。

(6) 钢笔工具 ◊：钢笔工具，用与绘制几何图形，同样可以使用锚点。

(7) 文本工具 Ｔ：可以实现文本的创建、编辑。

(8) 矩形工具 ▢：用来绘制矩形和椭圆，在绘制过程中按住 Shift 键可绘制正方形或圆形。

(9) 铅笔工具 ✎：绘制任何形状的曲线，点击铅笔工具后，在工具箱下面有个图标，单击后可选择"平滑"，这样绘出的线条比较平滑。按住 Shift 键可绘制水平方向或垂直方向的直线。

(10) 刷子工具 ✐：使用刷子工具可以随意地画出各种色块。

(11) 颜料桶工具 ◊：也叫油漆桶工具，用来对封闭图形的内部进行填充或修改。

(12) 滴管工具 ✐：滴管工具可以从场景中选择线条、文本和填充的样式，然后创建或修改相应的对象。

(13) 橡皮擦 ◻：橡皮擦工具可以擦除当前场景中的对象。当选择橡皮擦后，工具箱下面还有擦除模式，水龙头是用来擦除整块颜色的。

(14) 手形工具 ✋：手形工具可以将文档窗口中的场景连同对象一起移动。

(15) 放大镜 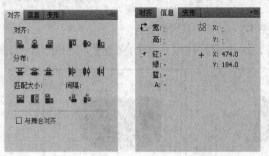：放大镜工具，用于缩放舞台场景。

(16) 笔触色按钮 ：笔触色按钮用来改变线条或所绘几何图形边框的颜色。

(17) 填充色按钮 ：用来改变填充的颜色。

2. 对齐面板

对齐面板也是常用的面板，包括了对齐、信息、变形三个页框。对齐页主要是舞台对象的相互对齐，其中"与舞台对齐"选项经常使用；信息页反映了对象的形状和位置信息；变形页则可以实现图形对象的放大、缩小、旋转等操作。具体如图 5-9 所示。

图 5-9　对齐面板

3. 属性面板

当选中不同对象时，会显示不同对象的属性，属性面板用以修改和调整对象的属性，是经常用以设置对象的面板。如图 5-10 所示就是文档的属性。

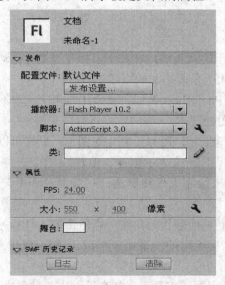

图 5-10　文档属性

5.5.3　Flash 文档基本操作

1. Flash 文档的基本格式

(1) 后缀名为 .fla 的文件是 Flash 动画制作的原始文件，只能用对应版本或更高版本的 Flash 打开编辑。

(2) 后缀名为 .swf 的文件是 Flash 影片文件，由 Flash 原文件导出生成，该类型文件必须有 Flash 播放器才能打开(包括各大浏览器，视频播放器)，且播放器的版本须不低于 Flash 程序自带播放器的版本。swf 文件占用硬盘空间少，所以被广泛应用于游戏、网络视频、网站广告、交互设计等。swf 是一个完整的影片档，无法被编辑。swf 在发布时应选择保护功能，如果没有选择，很容易被别人输入到他的原始档中使用。

Flash CS5 中的 ActionScript 3.0 是一种程序语言的简单文本文件 .fla，档案能够直接包含 ActionScript，也可以把它存成 AS 档做为外部连结档案(如定义 ActionScript 类则必须写在 as 文件里，再通过 import 加入类)，以方便共同工作和更进阶的程序修改。新建 Flash 文件(ActionScript 3.0)。通常直接选择新建 ActionScript 3.0 文档。

2．Flash 文档的创建

(1) 启动 Adobe Flash CS5，会进入欢迎界面。如前所述，可以通过选择欢迎界面中的新建栏目下的 ActionScript 3.0 来新建一个 Flash 文档，如图 5-11 所示。

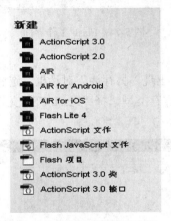

图 5-11　欢迎界面新建文档

(2) 通过文件菜单选项新建文档："文件" → "新建"，然后选择 ActionScript 3.0，如图 5-12 所示。同时还可以设置将要创建文档的舞台的宽、高，帧速率等，如图 5-13 所示。

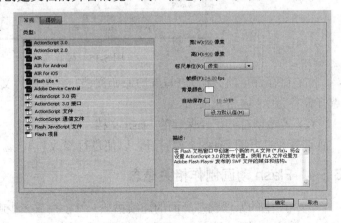

图 5-12　文件菜单新建文档　　　　　　　　　　图 5-13　选择 ActionScript 3.0

(3) 新建文档后，进入 Flash 工作界面，如图 5-14 所示。

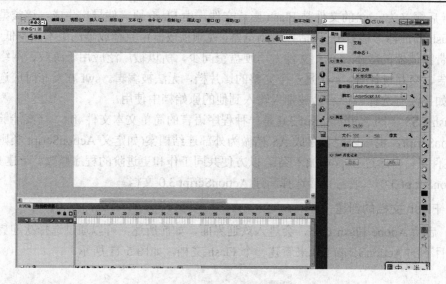

图 5-14　Flash 工作界面

3．文档的保存

选择"文件"→"保存"，出现"另存为"对话框，选择好文件保存的位置，然后在文件名中输入"Flash 动画一"，保存类型选择"Flash CS5 文档(*.fla)"，最后点击确定保存文档，如图 5-15 所示。

图 5-15　保存文档

(1) 保存好后的文档为 Flash 的原始文档，并非影片文档。如要保存演示型文件，则要选择保存为 *.swf 格式文档。

(2) 若希望打开已经保存的 Flash 文档，则可以点击"文件"→"打开"选项，在保存位置选择要打开的 Flash 文档打开，以便进行修改和编辑。

5.5.4　Flash 动画制作相关概念

动画产生的原理就是画面的连续播放，每秒播放多少幅画面我们称为帧速率 F/s，电影是每秒播放 24 幅画面，电视则每秒播放 25 幅画面，Flash CS5 默认帧速率是每秒播放 24 幅画面(可以修改)。每一幅画面我们称它为一个帧，就是一个动画在某个时刻的一个画面，也就是时间轴上的一个点(方格)。时间轴就相当于现实生活中的胶卷，而一个帧就相当于胶卷里的一张胶片。连续播放的帧就构成一个动画。帧又分为空白关键帧，关键帧和普通帧。

1．空白关键帧

在时间轴上，一个小方格并且里面有一个白色的小圆圈，称为空白关键帧。在新建的 Flash 文件里面，默认图层 1 的第一帧就是空白关键帧，这表示在舞台上第一帧里面什么内容都没有，一片空白，但是它又是关键的，因为将来这个空白关键帧会发生变化，成为动画的关键帧，如图 5-16 所示。

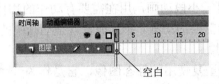

图 5-16　空白关键帧

2．关键帧

起关键变化的帧，动画要表现运动或变化，至少前后要给出两个不同的关键状态，表示关键状态的帧叫做关键帧。如图 5-17 所示，小格子里面是个实心的小黑点，它就是关键帧，里面有实际存在的内容，本图中我们导入了一张图片到舞台，可以看到，空白关键帧变成了有黑点的关键帧。

3．普通帧

普通帧主要起到对前一关键帧的延续播放，它播放最近的前一关键帧的内容，即普通帧是关键帧的播放延续。如图 5-18 所示，在图层 1 的时间轴上，从第 1 个关键帧后的第 2 帧到第 20 帧间连续插入了普通帧，也就是第一个关键帧会连续播放 19 帧的时间。

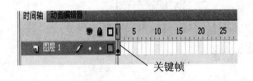

图 5-17　关键帧

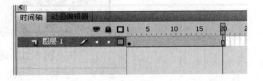

图 5-18　普通帧

4．帧的插入

对空白关键帧、关键帧、普通帧的认识和理解是 Flash 动画制作的基础，值得注意的是，在时间轴上，可以使用插入菜单选项来实现各类帧的创建，如图 5-19 所示。选择"插入"→"时间轴"→"帧(普通帧)/关键帧/空白关键帧"。

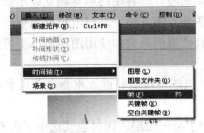

图 5-19　帧的创建

5．元件

Flash 使用的原始的素材对象，包括形状、元件、实例、声音、位图、视频、组合等，元件是构成 Flash 动画所有因素中最基本的因素，元件存放在库中，例如可以将文字转换为图形元件，或者创建其他元件。元件必须在 Flash 中才能创建或转换生成，它有三种形式，即影片剪辑、图形、按钮。元件只需创建一次，即可在整个文档或其他文档中重复使用。

(1) 影片剪辑元件：可以理解为电影中的小电影，可以完全独立于场景时间轴，并且可以重复播放。影片剪辑是一小段动画，用在需要有动作的物体上，它在主场景的时间轴上只占 1 帧，就可以包含所需要的动画。影片剪辑就是动画中的动画。"影片剪辑"必须要进入影片测试里才能观看到。

(2) 图形元件：是可以重复使用的静态图像，它是作为一个基本图形来使用的，一般是静止的一幅图画，每个图形元件占 1 帧。

(3) 按钮元件：实际上是一个只有 4 帧的影片剪辑，但它的时间轴不能播放，只是根据鼠标指针的动作做出简单的响应，并转到相应的帧，通过给舞台上的按钮添加动作语句来实现 Flash 影片强大的交互性。

元件的管理在库面板中进行，在库面板中可以创建许多文件夹，对不同类别的元件进行分类管理。元件的创建如图 5-20 所示，选择"插入"菜单→"新建元件"选项。

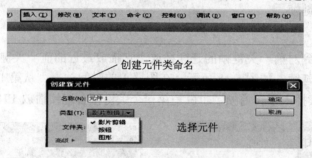

图 5-20　元件的创建

6．库

库是用来存放各类素材和元件的地方，Flash 的素材或者元件可以导入到库，对于新建的元件也是存放在库中的。

7．图层

图层(Layer)的概念和前面章节学过的 Photoshop 中的一样。形象地说，Flash 的图层也可以看成是叠放在一起的透明的胶片，各图层相互独立互不影响，最后的动画显示效果是各个图层叠加的显示效果。各图层相互独立，可以根据需要，在不同层上编辑不同的动画而互不影响，并在放映时得到合成的效果。使用图层可以更好帮助动画的安排和组织。以下是一些基本的图层操作：

(1) 双击任何一个层都可以选中该层并进入重命名图层名称的状态，根据设计需要命名图层有利于动画制作。

(2) 单击鼠标左键即选中了某一图层，同时也就选中了所有该层上的对象。按住 Shift 键，可以同时选择多个图层。

（3）特别强调，图层的排列是有顺序的，最上面的层是你所能看到的最接近你的层，其上的内容将遮盖在其他层之上，也可以通过用鼠标拖动的方式改变层与层之间的排列关系。

（4）每一层上的图标和文字都称作是该层的属性，也可以通过在某一层点鼠标右键，在菜单中选属性(Properties...)来进行修改。

（5）可以通过指向图层后单击鼠标右键来实现新图层的插入、删除、剪切、复制、粘贴等编辑操作，如图 5-21 所示。

图 5-21 图层的编辑

5.5.5 素材的导入和舞台的调整

（1）将素材导入到舞台，点击选择："文件"→"导入"→"导入到舞台"，这个时候选择"文件的创建和素材导入"文件夹下的导入素材图片，可以看到素材被导入到舞台，如图 5-22 所示。

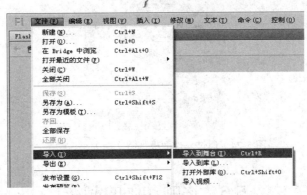

图 5-22 通过文件菜单导入素材到舞台

（2）素材导入舞台后，可以看到素材呈现在舞台上，同时注意观察，图层 1 的第 1 帧也由空白关键帧变成了关键帧，因为在这一帧上出现了关键内容，也就是关键变化，如图 5-23 所示。

图 5-23　素材导入后的变化

（3）用鼠标选择库，可以看到素材在导入到舞台的同时也被导入到库中了；也可以将素材先导入到库，然后用鼠标拖动库中的素材到舞台。

（4）选择"窗口"菜单中的"对齐"，弹出对齐面板。在"与舞台对齐"上打钩 ☑ 与舞台对齐，然后选中导入到舞台的图片，点击对齐面板上的水平中齐 ▤ 按钮，然后再点击对齐面板上的垂直中齐按钮 ▥，则图片居于舞台正中对齐。

（5）单击舞台白色部分，可以观察到此时的属性面板变化为文档的属性，这个时候可以直接点击文档属性中的大小，调整舞台的宽和高。本例中可以将文档的宽和高调整为 300×200，则文档的大小与图片的大小一致，同时还可以对文档播放的帧速率进行修改，如图 5-24 所示。

图 5-24　通过属性面板调整文档大小、帧率

5.6　逐帧动画的制作

逐帧动画是 Flash 制作动画的基础，它是由一张张静止的图像连续快速播放形成的，而这些静止的图片就叫做"帧"。其原理是在"连续的关键帧"中分解动画动作，也就是对时间轴上的每帧逐帧绘制不同的内容，使其连续播放而形成动画。本节将以实例讲授的

形式来进行学习。

　　【例 5.1】　舞动的"恭贺新喜"。

　　本例通过简单逐帧设置，以实现闪烁字体动画效果，具体实现步骤如下：

　　(1) 新建 Flash 文档，并保存为"恭贺新喜.fla"。

　　(2) 选中第一个空白关键帧，选择文本工具 T ，如图 5-25 所示，在舞台上单击，出现文本输入光标，在舞台上输入文字"恭贺新喜"。

　　(3) 设置文字效果：选中文字，在"属性"面板中设置文字效果，设置文字字体为"华文彩云"，字号为"96 号"，颜色为"黄色"，如图 5-26 所示。

图 5-25　文本属性设置　　　　　　　　　　图 5-26　文字属性设置

　　(4) 点击选择工具 ，选中文本对象，然后打开对齐面板，调整文本的位置，相对舞台居中对齐，如图 5-27 所示。

　　(5) 选择时间轴上的第 2 帧，这个时候按 F6 键(F6 键的作用是复制上一个关键帧)，此时，第 1 帧被复制到第 2 帧的相应位置。

　　(6) 动画效果的产生是因为前后画面的变化，因此第 2 帧和第 1 帧如果相同则没有意义。选中第 2 帧，然后选中文本，修改颜色为"红色"，如图 5-28 所示。

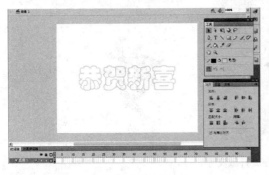

图 5-27　相对舞台居中对齐　　　　　　图 5-28　插入第 2 关键帧 修改颜色属性

　　(7) 选择时间轴上的第 3 帧，这个时候按 F6 键，复制上一个关键帧即第 2 帧，此时第 2 帧被复制到第 3 帧的相应位置。

　　(8) 选中第 3 帧，然后选中文本，修改颜色为"绿色"。

(9) 按下 Ctrl + Enter 键观看动画效果，由此可以看出，每一帧图画位置一样，大小一样，但是颜色发生了变化，由于颜色的差异，实现了文字的闪烁效果动画。

(10) 保存文档为 fla 格式，并将影片导出为 swf 格式。

【例 5.2】 文字的书写效果。

本例主要通过对文字图形实现分离打散，修改每一个关键帧，以实现逐帧变化效果，具体操作步骤如下：

(1) 新建一个 Flash 文档，文件命名为"梦字的书写.fla"文档。

(2) 用鼠标点击舞台，在属性对话框中调整舞台的大小为 300 × 200 像素，FPS 调整为 12 帧，如图 5-29 所示。

(3) 在时间轴单击"图层 1"的第 1 帧，选择工具箱中的文本工具"T"按钮，在属性面板将字体设为"华文行楷"、字号为"96"，在工作区单击，输入文字"梦"，通过对齐面板选项，将文字对齐到舞台中央，如图 5-30 所示。

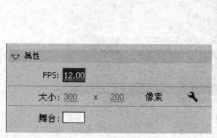

图 5-29　设置文档属性　　　　　　　　　图 5-30　文本的调整

(4) 用选择工具选中文字，此时单击"修改"→"分离"命令，将文字打散。注意如果是多个文字组合的词语，需要执行两次这样的操作，才能最终将文字打散，如图 5-31 所示。

图 5-31　分离打散文字

(5) 在时间轴单击"图层 1"的第 2 帧，可以通过菜单"插入"→"时间轴"→"关键帧"命令，或按下 F6 建，插入一个与第 1 帧相同的关键帧，然后点击缩放工具 🔍，先将舞台中的梦字放大，然后选择第 2 帧中的文字，用 "橡皮擦工具" ⬀，将"梦"字的最后一个笔画擦掉，如图 5-32 所示。

图 5-32　插入第 2 个关键帧

（6）选中时间轴的第 3 帧，按下 F6 键，重复上一个操作，擦掉梦字的倒数第二个笔画。依次反复，直到插入最后一个关键帧，把梦字的第一个笔画擦除。

（7）选中图层 1 的第 1 帧，按住 Shift 键单击最后一个关键帧，将所有的关键帧选中；单击“修改”→“时间轴”→“翻转帧”命令，这时选中的所有帧的排列顺序会颠倒过来，第 1 帧变成最后一帧，最后一帧变成第 1 帧，如图 5-33 所示。

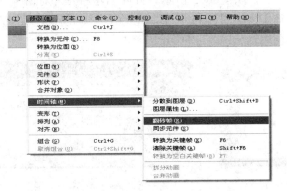

图 5-33　翻转帧顺序

（8）预览动画效果，可以看到梦字的书写动画。依此类推可以实现“中国梦”动画的书写。

（9）将文件保存，并导出 swf 文档。

5.7　运动补间动画的制作

补间动画是指在两个有实体内容的关键帧间建立动画关系后，Flash 将自动在两个关键帧之间补充动画图形来显示变化，从而生成连续变化的动画效果。Flash 动画制作中补间动画分两类：一类是形状补间，用于形状的动画；另一类是动画补间，用于图形及元件的动画。

5.7.1　运动补间的制作

【例 5.3】动画缩放字体。

本例设置前后相隔帧的字体形状大小和透明度,以实现帧的前后差异,再通过 Flash 自动实现补间过程,达到动画效果,具体操作步骤如下:

(1) 新建一个 Flash 文档,保存命名为"缩放字的补间.fla"。

(2) 单击菜单栏"修改"→"文档"命令,设置尺寸为"550 像素×400 像素",背景设置为"黑色",如图 5-34 所示。

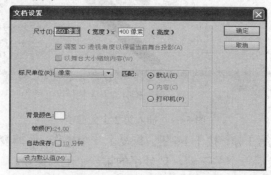

图 5-34 设置文档属性

(3) 新建一个元件,新建的图形元件作为一个整体对象利于缩放。点击菜单栏的"插入"→"新建元件"命令,如图 5-35 所示。打开创建新元件对话框,将名称改为"文本",类型选择"图形"后确认,如图 5-36 所示,此时进入"元件编辑"状态。需要注意的是元件编辑状态并不是舞台编辑状态。

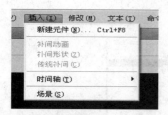

图 5-35 新建元件   图 5-36 图形元件

进入元件编辑状态,如图 5-37 所示。

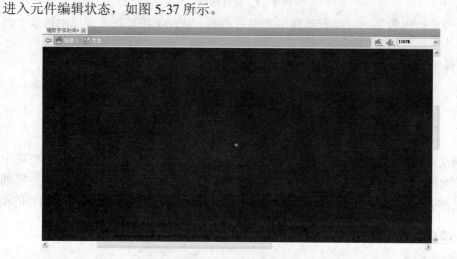

图 5-37 元件编辑状态

如果点击场景图标 ，则回到舞台编辑状态；如果想要进入元件编辑状态需要点击 元件图标，选择文本元件，再次进入元件编辑状态。

（4）在元件编辑状态，选择文字工具按钮"T"，在工作区中输入"补间动画"；选中文字，在旁边的属性面板设置字体为"黑体"，"白色"，"仿粗体"，字号为"72"。运用对齐工具面板，将文本居中对齐。文本的设置还可以通过文本菜单进行。如图 5-38 和图 5-39 所示实例图。

图 5-38　编辑文本图形元件　　　　　　　图 5-39　编辑文本图形元件

（5）单击 回到场景，此时点击库，可以看到文本元件以图形的形式保存在库中，如图 5-40 所示。

图 5-40　库中的图形元件

（6）单击"图层 1"的第 1 帧，点击"窗口"→"库"打开库面板，将元件"文本"拖到舞台的正中间，同样使用对齐工具，让图形文字居于舞台正中。

（7）选中图层 1 的第 20 帧，按下 F6 键，插入一个关键帧，该帧内容与第 1 帧的内容相同，如图 5-41 所示。

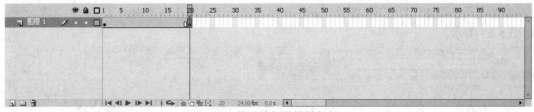

图 5-41　普通帧与关键帧的插入

（8）动画的产生在于不同，因此，单击第 1 帧，然后选择菜单栏"窗口"→"变形"命令，打开变形面板，将高度和宽度的缩放比例都改为 300%，可以看到第 1 帧的文本图形被放大了，如图 5-42 所示。

(9) 单击舞台中的文本图形，在属性面板中的"颜色效果"的下拉列表中选择"Alpha"，将透明度设置为"0%"，如图 5-43 所示。

图 5-42　图形变形　　　　　　　　图 5-43　透明度调整

(10) 可以得知，现在第 1 帧和第 20 帧是有差异的。第 1 帧的图形放大了，并且是透明的。

(11) 创建传统补间：在图层 1 的第 1 帧上单击鼠标右键，在快捷菜单中选择"创建传统补间"，在第 1 帧到第 20 帧之间出现了蓝色的箭头，单击回车就可以查看动画效果了。

(12) 在时间轴上单击"插入图层"按钮，创建一个新图层 2，如图 5-44 所示。

图 5-44　插入新图层 2

(13) 在图层 1 的第 20 帧上右击，选择"复制帧"；在图层 2 的第 21 帧上右击，选择"粘贴帧"，即复制了一个内容相同的帧。

(14) 单击图层 2 的第 40 帧，按下 F6 键，建立一个关键帧，该帧内容与前面第 21 帧的内容相同，同样打开变形面板中将高度和宽度的缩放比例都改为 300%，文字的透明度设为"0%"。

(15) 在图层 2 的第 21 帧上右击，选择"创建传统补间动画"，在第 21 帧到第 40 帧之间出现了蓝色的箭头。

(16) 单击图层 1 的第 40 帧，单击 F5 命令，建立一个普通帧。这个时候图层 1 从 21 到 40 帧，只是第 20 帧的延续播放，正好起到了背景效果的作用，增添了动画的丰富效果，如图 5-45 所示。

图 5-45　创建形状补间

(17) 最后保存文档为 fla 格式，并导出影片为 swf 格式。

【**例 5.4**】　化学反应的微观现象。

(1) 创建文档和课件所需元件。

① 背景的制作，如图 5-46 所示。

② 元件的制作，如图 5-47 所示。

　　　　图 5-46　制作的背景图　　　　　　　　　图 5-47　制作的原件

(2) 创建化合反应补间动画。

① 建立背景、标题、硫原子等图层，如图 5-48 所示。

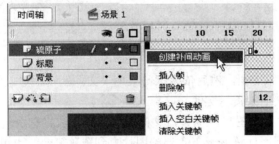

图 5-48　多个图层的建立

② 分别在 20 帧、40 帧、60 帧插入关键帧，如图 5-49 所示。

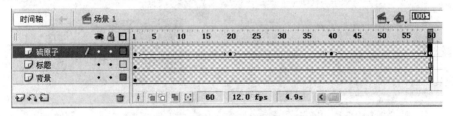

图 5-49　插入关键帧

③ 分别在不同的图层创建运动补间动画，完成如图 5-50 所示。

④ 最后保存文档为 fla 格式，并导出影片为 swf 格式。

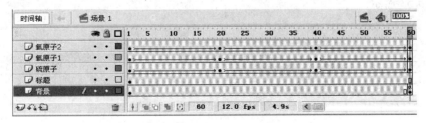

图 5-50　多个图层创建化合反应补间动画

5.7.2 引导层补间动画的制作

很多的运动并不是简单的直线运动，在 Flash 中使用引导路径动画可以设定运动的轨迹，而沿设定路径运动的动画形式被称为"引导层动画"。在制作引导层动画时，必须要创建引导层，引导层是 Flash 中的一种特殊图层，在影片中起辅助作用。引导层不会导出，因此不会发布在 Swf 格式文件中，即引导层上的内容是不会显示在发布文件中的。任何图层都可以做引导层。

【例 5.5】 蝴蝶运动。

(1) 新建一个 Flash 文档，并命名为"引导层的补间动画.fla"。

(2) 双击图层 1，将图层 1 重新命名为"背景层"，如图 5-51 所示。

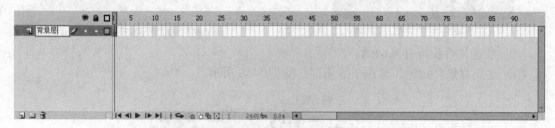

图 5-51   重命名图层

(3) 选中背景层的第 1 帧，然后依次点击菜单"文件"→"导入"→"导入到舞台"。选中引导层补间文件夹下的素材文件 .jpg 导入。

(4) 调整舞台的大小和图片一样大，这样可以让图片占据整个舞台，作为背景图层显示。可以选中图片然后用任意变形工具调整图片直到覆盖舞台，也可以设置舞台属性，调整舞台大小，如图 5-52 所示。

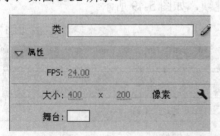

图 5-52   调整舞台适应图片大小

(5) 新建一个图层，并命名为运动层。选择背景层，单击鼠标右键，然后选择插入图层，如图 5-53 所示。

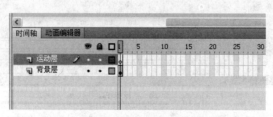

图 5-53   新建运动层

(6) 在新建图层，也就是运动层的第 1 帧，导入舞蝶素材到舞台，位置放于图片的右下角，第 1 帧也变成了关键帧，如图 5-54 所示。用任意变形工具 可以调整蝴蝶图片的大小、形状。

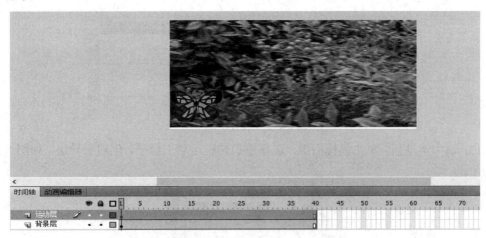

图 5-54 导入蝴蝶素材到运动层第 1 帧

(7) 选中运动层的第 40 帧，按下 F6 键复制了运动层的第 1 帧，选中第 40 帧，用鼠标拖动蝴蝶图片到舞台的左上方并调整大小。可以看到由于背景层只有一帧，因此背景图片在后面几帧都没有显示出来。

(8) 选择背景层的第 40 帧，按下 F5 键，插入普通帧，这样背景层将连续播放第 1 帧的内容直到第 40 帧。

(9) 选中运动层的第 1 帧，然后单击鼠标右键，选择"创建传统补间"，创建了补间动画。

(10) 可以看出，由于运动层的第 1 帧和第 40 帧，在位置大小上的不同，产生了直线的运动补间效果，如图 5-55 所示。

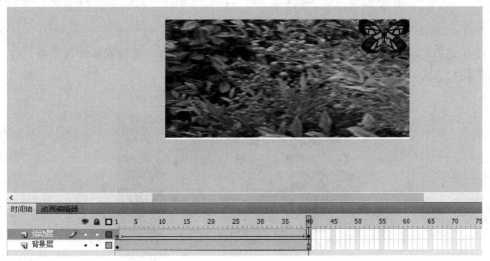

图 5-55 创建传统补间动画

(11) 创建引导层：刚才的效果是直线的，引导层动画可以让对象按照我们设定的线路来运动。

（12）先删除刚才创建的补间动画，点击运动层的第 1 帧，然后单击右键，选择删除补间动画，如图 5-56 所示。

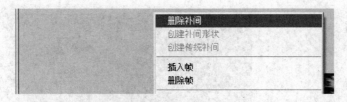

图 5-56　删除补间动画

（13）选中运动层，单击鼠标右键，选择添加传统运动引导层，创建引导层，如图 5-57，5-58 所示。

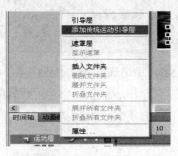

图 5-57　创建引导层

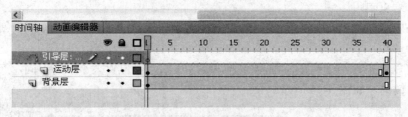

图 5-58　引导层

（14）选择运动引导层的第 1 帧，然后使用铅笔工具 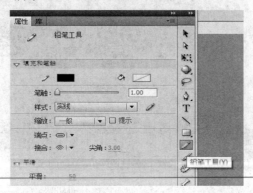，并设置属性为平滑，在舞台上画出运动轨迹，如图 5-59 所示。

图 5-59　铅笔工具

(15) 选择运动层第 1 帧的蝴蝶，用鼠标拖动，让蝴蝶中心吸附在刚画好的轨迹一端，同样将第 40 帧吸附在另一端，要点是一定要吸附在轨迹上。

(16) 此时再次点击运动层的第 1 帧，单击鼠标右键，选择创建传统补间，可以看到蝴蝶的运动是随着轨迹而运动的，轨迹在影片导出效果中不可见，如图 5-60 所示。

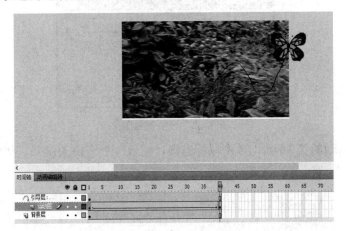

图 5-60　引导轨迹动画

(17) 最后保存 flash 文档，生成影片。

5.8　Adobe Flash CS5 形状补间动画

Flash 形状补间动画，主要是通过图形形状的差异，然后由 Flash 生成补间变形的动画效果。

【例 5.6】　百家姓变换。

(1) 新建一个 flash 文档，命名为"百家姓形状的补间.fla"。

(2) 在第 1 帧上，运用文本工具"T"，输入一个姓"赵"，设置字体属性为"96 号"、"华文行楷"、"蓝色"，并将文字居于舞台正中，如图 5-61 所示。

图 5-61　"赵"姓的录入

(3) 在第 6 帧按下 F6 键，得以让第 1 帧显示 5 帧的时间。

(4) 将第 6 帧的"赵"字选中，先选择"修改"→"转换为位图"，然后再选择文件菜单上的"修改"→"位图"→"转换为矢量图"选项，在转换为矢量图对话框中点击确定按钮，如图 5-62 所示，文字被转换打散。

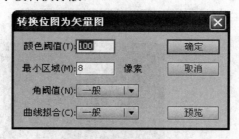

图 5-62　转换矢量图

(5) 选中时间轴的第 16 帧，单击鼠标右键，插入一个空白关键帧，如图 5-63 所示。

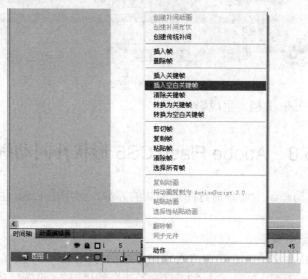

图 5-63　插入空白关键帧

(6) 在第 16 帧的空白关键帧的舞台上，用文字工具"T"同样的书写一个"钱"字，设置字体属性为"96 号"、"幼圆"、"红色"，并将文字居于舞台正中，如图 5-64 所示。

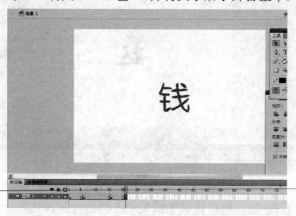

图 5-64　"钱"姓的录入

（7）选中第 16 帧的"钱"字，用上述同样的方法将"钱"的文本图形转换为矢量图。

（8）在第 21 帧，按下 F6 键，让"钱"字显示 5 帧的时间。

（9）同样，在第 31 帧，插入一个空白关键帧。

（10）在第 31 帧的空白关键帧的舞台上，用文字工具"T"，输入"孙"字，设置字体属性为"96 号"、"华文彩云"、"绿色"，并将文字居于舞台正中，如图 5-65 所示。

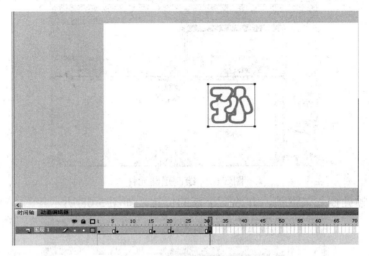

图 5-65　"孙"姓的录入

（11）同样第 31 帧需要将"孙"字转换为位图后，在转换为矢量图。

（12）在第 36 帧，按下 F5 键，让"孙"字显示 5 帧时间。

（13）在第 5 帧、第 21 帧上，分别单击鼠标右键，创建补间形状，如图 5-66 所示。

（14）保存文件，导出影片，就可以看到姓氏的变化效果。

图 5-66　创建形状补间

注意：Flash 补间动画的特点就是创造两个关键帧之间的差异，然后计算机自动补充完成中间的动画过程。动作补间动画和形状补间动画在时间轴上的表现为：动作补间为淡蓝色背景加长箭头，形状补间为淡绿色背景加长箭头。动作补间对象的组成元素可以是影片剪辑、图形元件、按钮、文字、位图等；形状补间，如果使用图形元件、按钮、文字，则必须先打散再变形。

【例 5.7】 小球自由下落。

(1) 启动 Flash 软件，在元件制作场景下选择椭圆工具，不要边框，填充方式为径向填充，按住 Shift 绘制正圆，回到制作页面，把正圆元件导入舞台，如图 5-67 所示。

图 5-67　绘制正圆元件

(2) 在 25 帧处插入关键帧，并改变小球的位置，如图 5-68 所示。

图 5-68　改变小球位置

(3) 鼠标单击 1 到 15 之间任何一帧，在属性栏选择"形状"，将"简"调为"-100"，如图 5-69 所示。

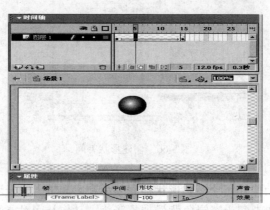

图 5-69　形状调整

(4) 在 16 帧处插入关键帧，如图 5-70 所示。

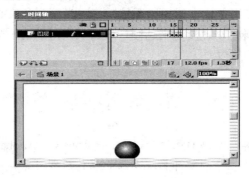

图 5-70 插入关键帧

(5) 用变形工具将 16 帧的小球高度变小，如图 5-71 所示。

(6) 对着第 1 帧点击鼠标右键，选择"拷贝帧"，如图 5-72 所示。

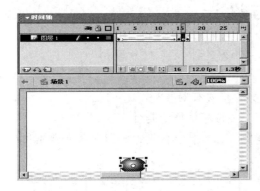

图 5-71 变形工具小球变形

图 5-72 拷贝帧

(7) 在 31 帧处点击鼠标右键选择"粘贴帧"，如图 5-73 所示。

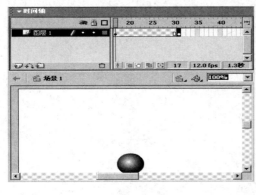

图 5-73 粘贴帧

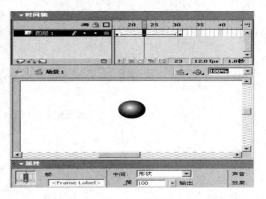

图 5-74 形状调整

(8) 鼠标单击 16 到 31 之间任何一帧，在属性栏选择"形状"，将"简"调为"100"，如图 5-74 所示。

(9) 按 Ctrl + 回车进行预览，保存文件。

注意：

(1) 改变 16 帧小球外形的原因是因为当小球与地面发生碰撞时小球会变瘪。

(2) 调整"简"的作用是让小球加速还是减速。当简为负值时,小球运动速度越来越快;当简为正值时,小球运动速度越来越慢。最后一帧拷贝第 1 帧是因为小球弹起后的位置与第 1 帧小球的位置几乎相同。

本 章 小 结

本章重点介绍了计算机动画的原理和概念,并且介绍了 Adobe Flash CS5 动画制作软件的基本知识。本章的重点在于理解计算机动画的制作原理,掌握计算机动画的相关概念和基本知识,对于 Flash 软件的基本操作能有一定的认识,同时能够使用 Flash 制作完成最基本的逐帧和补间动画。

思 考 与 设 计

(1) 动画形成的原理是什么,动画和视频有什么区别?

(2) 计算机动画的原理和定义是什么?

(3) 计算机动画的分类有哪些,常用动画文件格式有哪些?

(4) Flash 动画制作中空白关键帧,普通帧,关键帧的概念是什么?

(5) Flash 的逐帧动画和补间动画的定义是什么,有什么区别,补间动画有哪几种?

设计制作题

(1) 参照本章教材案例,自己完成"人的行走"逐帧动画,素材在素材文件夹下。

(2) 参照本章教材案例,完成一个复杂的引导层的补间动画和形状的补间动画。